LEISURE

休闲

目录

CONTENTS

禪

主案设计：
许娜 Xu Na
博客：
http:// 1005556.china-designer.com
公司：
福州宽北装饰设计有限公司
职位：
联席设计总监

奖项：
2012年中国室内设计师黄金联赛（第二季）居住空间工程类一等奖
2012年中国室内设计师黄金联赛（第一季）居住空间工程类一等奖
2012年中国室内设计师黄金联赛（第一季）公共空间工程类二等奖
2011年“金指环-全球室内设计大赛”商业类别银奖

项目：
杯酒话山居　天瑞酒庄
灰墙完美
黑白演绎的精彩
以酷的姿态享受生活
山东海阳盛世双帆售楼部
永安龙山馨园售楼部

杯酒话山居
Drinking in the mountain life

A 项目定位 Design Proposition
掩映于青山碧波间的这一建筑建造于上世纪70年代，其主体结构为条形原石搭砌而成，投资重新改建，其旨在打造一个以户外、养身为一体的休闲场所，使到这里的人可以与自然最近距离的接触，亲近蔚蓝，享受碧绿。

B 环境风格 Creativity & Aesthetics
对建筑原结构进行一些必要的改造，主要是两个方面：一个是楼层的改造，一个是建筑外围环境的改造。通过改造将自然山水与人文建筑更完美的融合在了一起。

C 空间布局 Space Planning
对于设计在空间上的定位，一是实遵从原建筑的整体风格，达到形体外观的一体；二是让建筑本身与自然环境的沟通融合达到一致；三是通过借景观景这样一些中国传统美学的手法表现出空间的神韵。

D 设计选材 Materials & Cost Effectiveness
为了遵循原建筑的整体风格，也为了与自然环境的沟通融合达到一致，在用材时，木材占了很大的比重，从门窗到桌椅到顶楼大面积木地面再到栏杆等等，值得一提的是，这其中很多是从各地拆掉的老房子中淘来的。

E 使用效果 Fidelity to Client
令许多处在纷繁、喧闹都市的人心驰神往。

Project Name_
drinking in the mountain life
Chief Designer_
Xu Na
Location_
Fuzhou Fujian
Project Area_
800sqm
Cost_
2,200,000RMB

项目名称_
杯酒话山居
主案设计_
许娜
项目地点_
福建 福州
项目面积_
800平方米
投资金额_
220万元

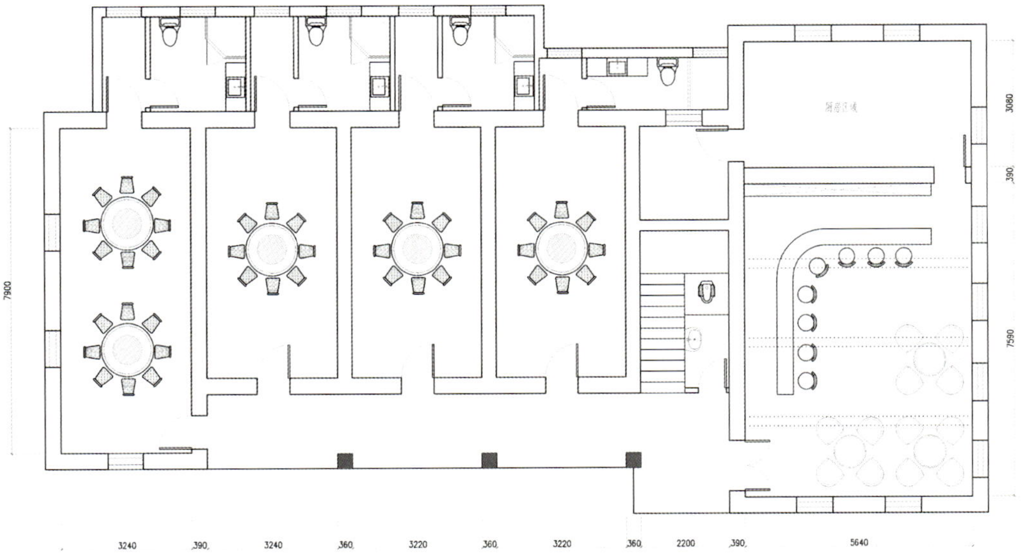

一层平面图

主案设计：
孙传进 Sun Chuanjin
博客：
http:// 816869.china-designer.com
公司：
无锡市观点设计工作室
职位：
主案设计师

奖项：
2011年金堂奖十佳餐饮空间设计

项目：
苏州苏悦精品餐厅
镇江九鼎国际水会

镇江九鼎国际水会

Zhenjiang Joyin international water hotel

A 项目定位 Design Proposition

项目地处镇江市谷阳路99号，是服务于追求高档品质生活的中高档消费人群的温泉俱乐部。

B 环境风格 Creativity & Aesthetics

会所硬件设施采用了星级配置，环境典雅、舒适。内部独特的设计，融汇了高压，时尚风格。

C 空间布局 Space Planning

其设计大方、亲和、豪华，创造了一种轻松、休闲的艺术气氛。其中核心区域弧形墙的设置极具体验感。

D 设计选材 Materials & Cost Effectiveness

设计时尚、装修奢华，大量应用LED、光纤、亚克力、不锈钢、玻璃镜面等冷色调材料为主，对比鲜明。

E 使用效果 Fidelity to Client

自营业以来取得了较好的经济效益，在业内外建立了一定的知名度，吸引了一批稳定的客源。

Project Name_
Zhenjiang Joyin international water hotel
Chief Designer_
Sun Chuanjin
Participate Designer_
Hu Qiang
Location_
Zhengjiang Jiangsu
Project Area_
4,250sqm
Cost_
18,000,000RMB

项目名称_
镇江九鼎国际水会
主案设计_
孙传进
参与设计师_
胡强
项目地点_
江苏 镇江
项目面积_
4250平方米
投资金额_
1800万元

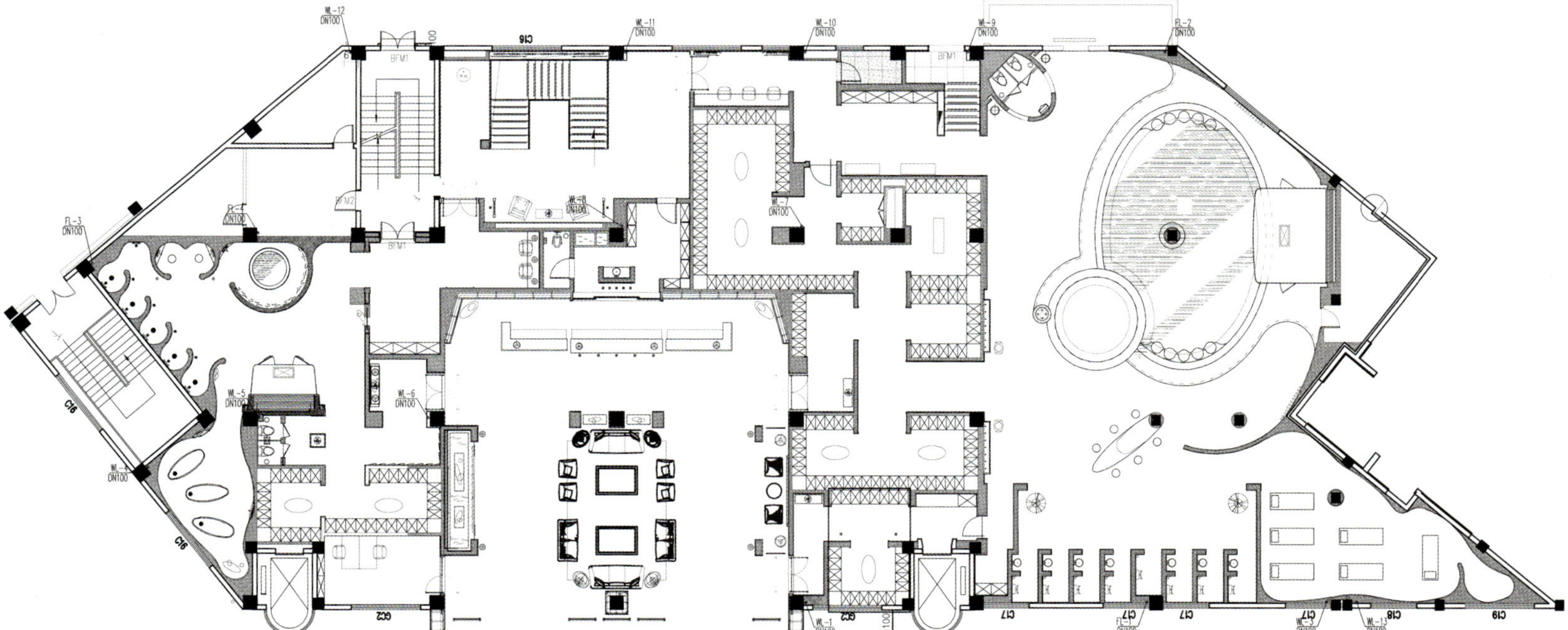

一层总平面图

09

主案设计：
仲松 Zhong Song
博客：
http:// 821100.china-designer.com
公司：
北京仲松建筑景观设计顾问有限公司
职位：
公司创始人、设计总监

奖项：
上海“白玉兰”奖
上海市政奖
上海浦东开放开发十年精品项目雕塑金奖

项目：
上海五角场
东方之光——日晷
蓝玛赫西餐厅旗舰店

亚太公务航空有限公司
Plane club of Asia-Pacific Business Aviation

A 项目定位 Design Proposition
空间的使用者是以私人飞的购买者为主，作为极少数的消费群体，此空间所要承载的是给予这一群体前所未有的体验。

B 环境风格 Creativity & Aesthetics
通过产品设计的手法所设计的大型纯手工木质装置，突显其特殊的价值感。

C 空间布局 Space Planning
设计创作出大型木质有机体的装置用来分割200平方米的空间，将空间分割出不同的功能区域。

D 设计选材 Materials & Cost Effectiveness
纯手工打造的大型木质装置。

E 使用效果 Fidelity to Client
投入使用后所有进入空间的人惊诧于其浑然一体的美感。

Project Name_
Plane club of Asia-Pacific Business Aviation
Chief Designer_
Zhong Song
Participate Designer_
Dong Yurong, Zhou Hongliang
Location_
Guangzhou Guangdong
Project Area_
200sqm
Cost_
2,000,000RMB

项目名称_
亚太公务航空有限公司
主案设计_
仲松
参与设计师_
董玉荣、周红亮
项目地点_
广东 广州
项目面积_
200平方米
投资金额_
200万元

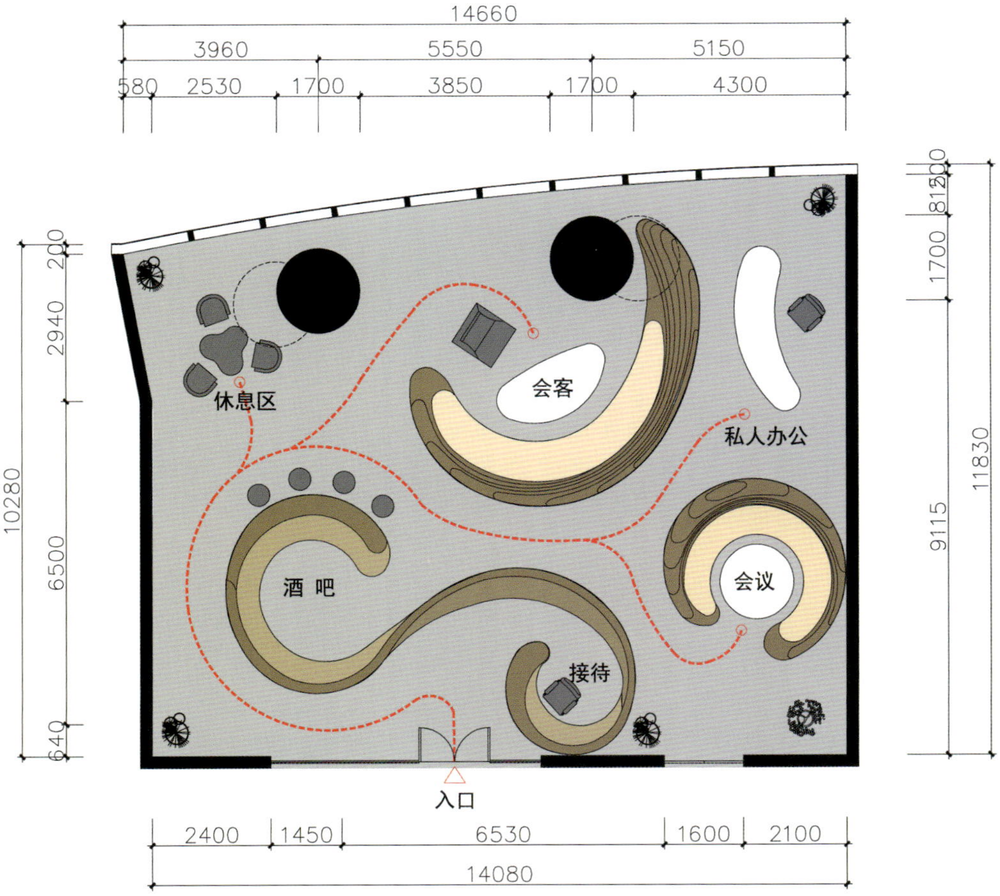
14660
3960
5550
5150
580
2530
1700
3850
1700
4300
休息区
会客
私人办公
酒 吧
会议
接待
入口
2400
1450
6530
1600
2100
14080
10280
200
2940
6500
640
11830
1200
81200
1700
9115

平面图

主案设计：
吴晓温 Wu Xiaowen
博客：
http:// 505859.china-designer.com
公司：
大石代设计咨询有限公司
职位：
北京公司负责人

奖项：

“八号御膳”获2011年晶麒麟中国室内设计大奖赛优秀奖、2010年中国室内设计大奖赛优秀奖

“包头珍逸食神”获2009中国室内空间环境艺术设计大赛二等奖

项目：

北京珍逸食神火锅
保定珍逸食神
包头珍逸食神
天津井河公馆
天津八号御膳
唐山万逸海派酒店

重庆生生公馆
Chongqing Shengsheng residence

A 项目定位 Design Proposition

昔日豪门旧宅今日改造成为了具有独特风格的私人会所，300平方米私属公馆为客户提供会客、商务宴请、KTV娱乐、养生SPA、观景沙龙吧等优雅抒情的环境及高端的专属服务。

B 环境风格 Creativity & Aesthetics

“生生公馆”1500多平方米的会所，隐于闹市的室外桃园，设有14个海派风格的豪华包间，其中特色尊贵大包间拥有叠水观景的独立花园庭院，散厅可举办小型庆典仪式，朋友聚会，公司会议，时尚派对，设有观景长廊。同时设有会员尊享的麻将室、红酒房、书吧、网吧等。由于公馆坐落在渝中区李子坝公园内，使得公馆远离了城市的喧闹，更多了一份儒雅的文人气质。

C 空间布局 Space Planning

穿越幽静的公园进入公馆内，“中国式的贵族气息”油然而生，门厅民国人物主题绘画打开了空间故事的片头。接待区有荷花（二维画面）与铜质鲤鱼（雕塑）在舞台聚光的照射下点出了“生生不息，周而复始”的“生生公馆”寓意。休息区皮质沙发、壁炉、酒柜在5米高的挑高空下气度非凡，坡屋顶民国时期的场景画，让人慢慢品味历史的记忆，14个海派风格的豪华包间以民国时期的名人命名，通过融汇中西与古今的海派风格的设计，包间体现出庄重、古典、繁华、尊贵的特点 ，有的“摩登”、有的“优雅含蓄”反应了民国时期名门贵族的生活印记。

D 设计选材 Materials & Cost Effectiveness

从色调上营造“中国式的贵族”的空间氛围，水曲柳做旧的墙面配以大胆的着色橄榄绿壁布、钴蓝色布艺，儒雅中突显“范”的气质，家具、陈设、挂画均做了二次提炼，以民国时期的基调演绎现代的文化特征。

E 使用效果 Fidelity to Client

遵循民国时期的文化特点，注入现代元素，体现民国时期文脉的延续。民国的“范”优雅含蓄，是新旧思想的变革、中西文化的融合。

Project Name_
Chongqing Shengsheng residence
Chief Designer_
Wu Xiaowen
Participate Designer_
Zhang Yingjun
Location_
Yuzhong Chongqing
Project Area_
2,000sqm
Cost_
10,000,000RMB

项目名称_
重庆生生会馆
主案设计_
吴晓温
参与设计师_
张迎军
项目地点_
重庆市 渝中区
项目面积_
2000平方米
投资金额_
1000万元

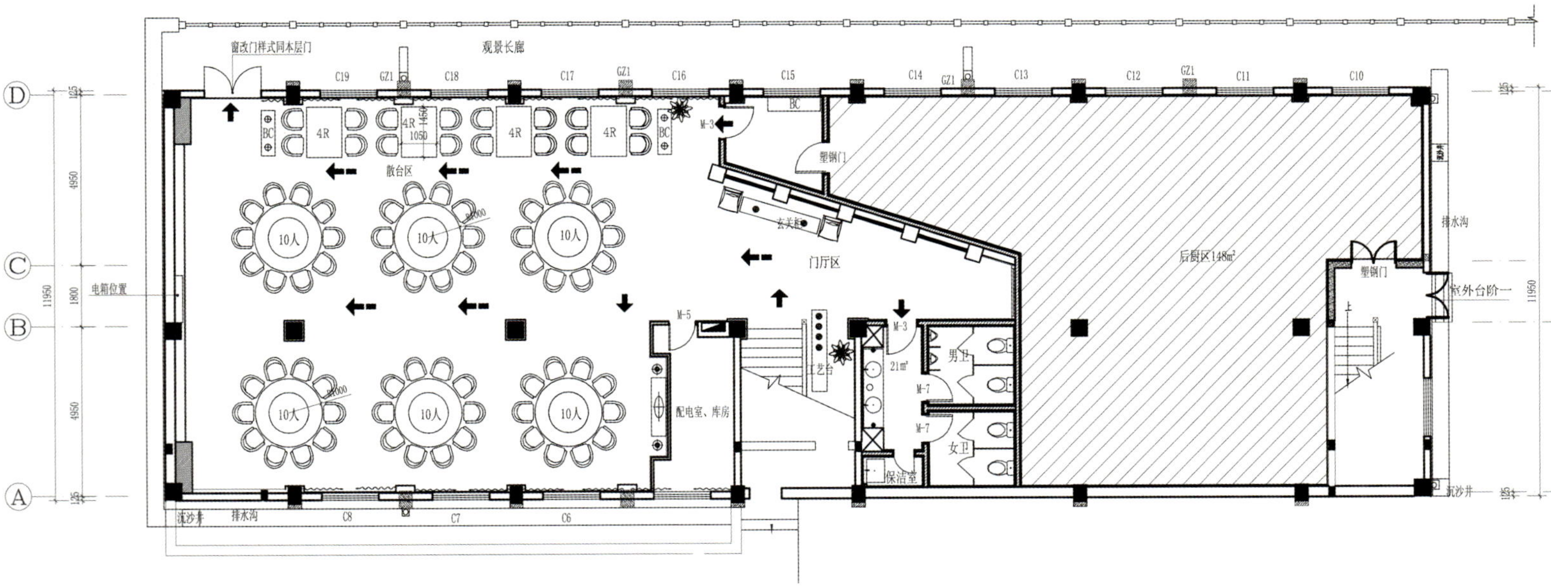

一层平面布置图

主案设计：
朱晓鸣 Zhu Xiaoming
博客：
http:// 468252.china-designer.com
公司：
杭州意内雅建筑装饰设计有限公司
职位：
创意总监、执行董事

奖项：
2010年 中国室内设计年度新锐人物提名奖
2010年 CIID杭州青年室内设计大赛一等奖
2010年 “金堂奖”中国年度十佳办公空间设计奖
2009年 广州设计周‘金羊奖’
2009年 荣获中国百杰室内设计师称号
2009年 亚太中国风设计邀请赛精英奖
2009年 荣获杭州十大室内设计师称号
2009年 浙江省优秀建筑装饰设计奖

项目：
IN LOFT 办公空间设计
西溪MOHO售展中心
IN BASE 3 CLUB
乐清玛得利餐厅
中雁风景区岭尚汇
缤纷时代国际娱乐会所
义乌名廷食家私家海鲜工坊

杭州佰色A·BASE陈设&沙龙

A·BASE DECO ARTS&SALON

A 项目定位 Design Proposition

此场所为一个集家居陈设产品展示、设计师交流聚会的多功能场所，结合来访群体特质，舍弃常规的“会所”、“样板房”等繁杂或较为仪式感的装饰堆砌，换以一种轻松平和、极简但富含包容性空间气息表现。

B 环境风格 Creativity & Aesthetics

在对外公开的家具与陈设饰品展示空间，为凸显产品既有独立形态又有系列组合的多样性，色彩上采用大面积纯粹的白色作为环境色。

C 空间布局 Space Planning

空间中采用阵列“BOX”分区展示，合理将产品进行了划分归类。二层的接待空间从独立的静谧的“设计师通道”进入，借以转换来访者的情绪，沙龙区域中则以富含肌理的不同材质组合，在米灰的主色中配以恰当的跳跃色彩的陈设产品随意布设，不定期地表达愉悦、温暖、感性的沙龙区域氛围。

D 设计选材 Materials & Cost Effectiveness

在设计选材上的创新点是将展示空间和会所招待有机地结合到了一起。

E 使用效果 Fidelity to Client

作品在投入运营后，使来客在欣赏之中享受，在设计之中徜徉，在艺术之中交流的出众效果。

Project Name_
A·BASE DECO ARTS&SALON
Chief Designer_
Zhu Xiaoming
Participate Designer_
Gao Liyong, Lei Huawen, Zhu Lulu
Location_
Hangzhou Zhejiang
Project Area_
1,800sqm
Cost_
2,000,000RMB

项目名称_
杭州佰色A·BASE陈设&沙龙
主案设计_
朱晓鸣
参与设计师_
高力勇、雷华文、朱露露
项目地点_
浙江省 杭州市
项目面积_
1800平方米
投资金额_
200万元

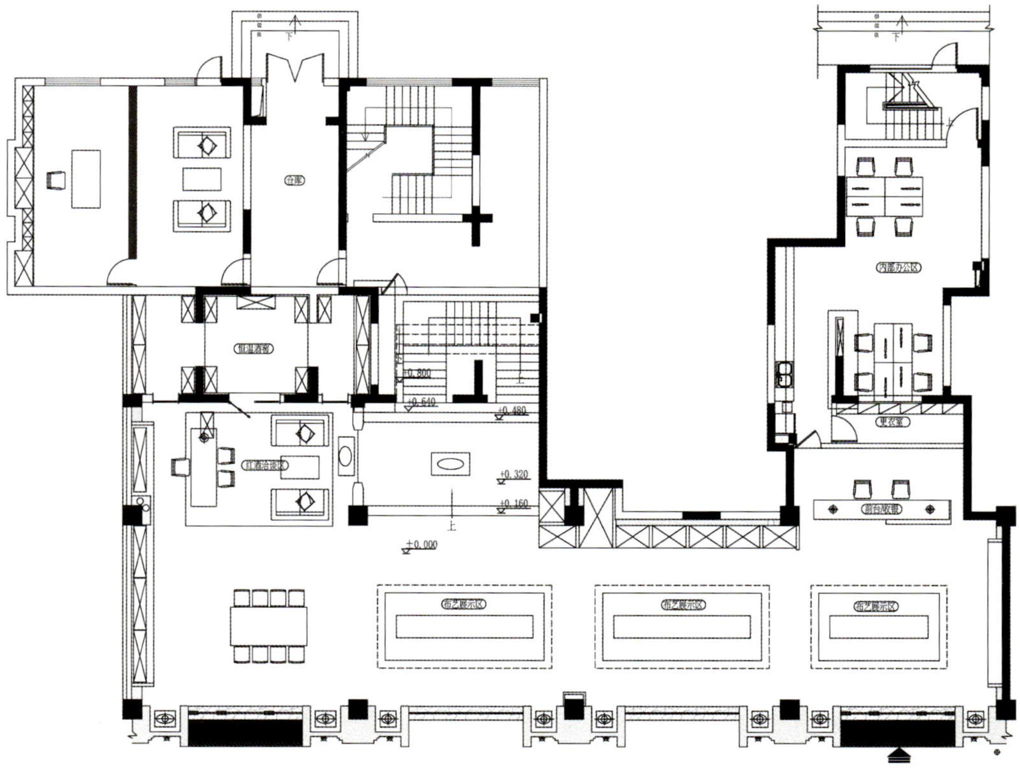

一层平面布置图

2F
1F

2F
家居展示区
EXHIBITION
VIP
1F

for lifestyle

主案设计：
陈俊男 Chen Junnan
博客：
http:// 145611.china-designer.com
公司：
上海邑方空间设计有限公司
职位：
设计总监

奖项：
2010年金堂奖十佳样板房
2011年金堂奖十佳购物空间

项目：
蓝海样板房
城钢安防科技

happy hair 育德店

happy hair salon

A 项目定位 Design Proposition

展示环保及都市景观等生活议题的态度，刻意推缩的小阳台空间，解放现代都市丛林中的铁窗隔栅，并透过植物及原木色调的背景，让冰冷的建筑得以呼吸。在繁忙的都会生活中能找到一方小天地与都市景观做对话，也让过惯了铁窗生活的都市人，除了来此得到造型设计及头皮养护之外，另外获得一个让心灵喘息的机会。

B 环境风格 Creativity & Aesthetics

风格上强调自然和谐、乐活环保的生活态度。灯光的创新利用，使得空间气氛不是冷冰的一成不变。

C 空间布局 Space Planning

功能区安排合理，空间能做更多元的使用。

D 设计选材 Materials & Cost Effectiveness

以大自然的元素水、光影、原木、石材、铁件，呈现出静谧优雅的气质，同时也强调产品的天然、环保，及再生性。

E 使用效果 Fidelity to Client

顾客能在最安静最轻松的环境下，全心享受专业人员所提供的完美服务。

Project Name_
happy hair salon
Chief Designer_
Chen Junnan
Participate Designer_
Lin Qiwen
Location_
Taibei Taiwan
Project Area_
180sqm
Cost_
800,000RMB

项目名称_
happy hair育德店
主案设计_
陈俊男
参与设计师_
林启文
项目地点_
台湾 台北市
项目面积_
180平方米
投资金额_
80万元

時尚與自然，劃上等號
HAPPYHAIR

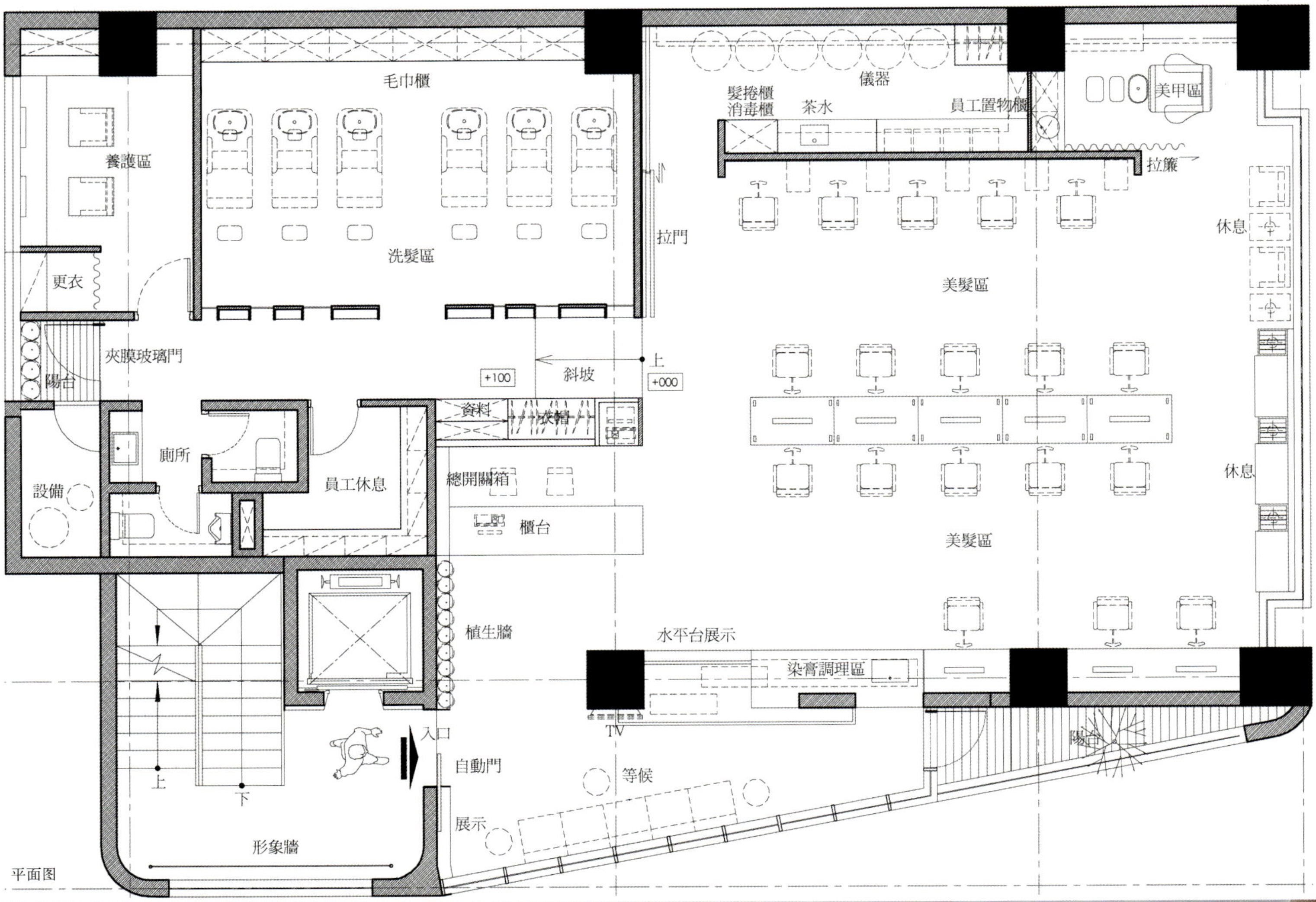
毛巾櫃
儀器
髮捲櫃
消毒櫃
茶水
員工置物櫃
美甲區
養護區
拉簾
休息
拉門
洗髮區
更衣
美髮區
夾膜玻璃門
陽台
+100
斜坡
上
+000
資料
設備
廁所
員工休息
總開關箱
櫃台
休息
美髮區
植生牆
水平台展示
染膏調理區
TV
入口
陽台
自動門
等候
上
下
展示
形象牆
平面图

PROFESSIONAL
HAPPYHAIR
時尚與自然，劃上等號
循著潺潺水聲進入明朗室內
綠意，鋪陳出不可思議的奇想空間
不屬於平凡想像內的髮型沙龍
植生牆綠意奔放，大地的縮影在方寸之間蜿蜒
倒映水池的波面，成為光影躍動的跳板
飽滿的日照採光，減少燈具使用與電力浪費
同時為室內帶來和煦氛圍
HAPPYHAIR 育德店
以自然手法全面性呈現
絕對的時尚，絕對的美

主案设计：
刘丰华 Liu Fenghua
博客：
http:// 271702.china-designer.com
公司：
中国美术学院风景建筑设计研究院
职位：
所长

奖项：
全国杰出中青年室内设计师
2009年度浙江省建设工程优秀装饰设计二等奖
2009年度浙江省建设工程优秀装饰设计一等奖
金堂奖2010CHINA-DESIGNER中国室内设计年度评选年度优秀休闲空间设计奖
2010年中国建筑装饰优秀工程设计奖

项目：
浙江省节能实业发展有限公司办公室装饰工程
上林湖会所
杭州吴山会馆装饰工程
太子湾会所
苏州国际科技大厦室内设计

杭州西溪绿草地会所
XiXi green glass association

A 项目定位 Design Proposition
轻装修、重软装！简约而不简单，用华美的元素演绎东方古典美，凌驾于奢华之外的名家向度。主要针对高端消费群体。

B 环境风格 Creativity & Aesthetics
以中国古典风格的方式体现不一样的中式文化。结合原有建筑风格，使设计总体空间协调性与原有空间相互渗透相互融合，达到密不可分的自然效果。

C 空间布局 Space Planning
在空间细节上，追求文化内涵，以生态文化为基础，以人文文化为特色，结合整体设计规划，做到整体大方，简洁美观，充满人文气息。

D 设计选材 Materials & Cost Effectiveness
主要采用环保木质材料与唯美的艺术品巧妙结合。灵活的材质运用和完美的视觉比例适当辅助。

E 使用效果 Fidelity to Client
生态文化与人文气息完美结合，古典而不失奢华。使人体验到繁华都市中独有的静谧，简洁而不失奢华的环境更让人流连忘返。投入使用后得到休闲度假者的青睐，彰显来访客户的尊贵，业主表示很满意。

Project Name_
XiXi green glass association
Chief Designer_
Liu Fenghua
Location_
Hangzhou Zhejiang
Project Area_
3,500sqm
Cost_
28,000,000RMB

项目名称_
杭州西溪绿草地会所
主案设计_
刘丰华
项目地点_
浙江 杭州
项目面积_
3500平方米
投资金额_
2800万元

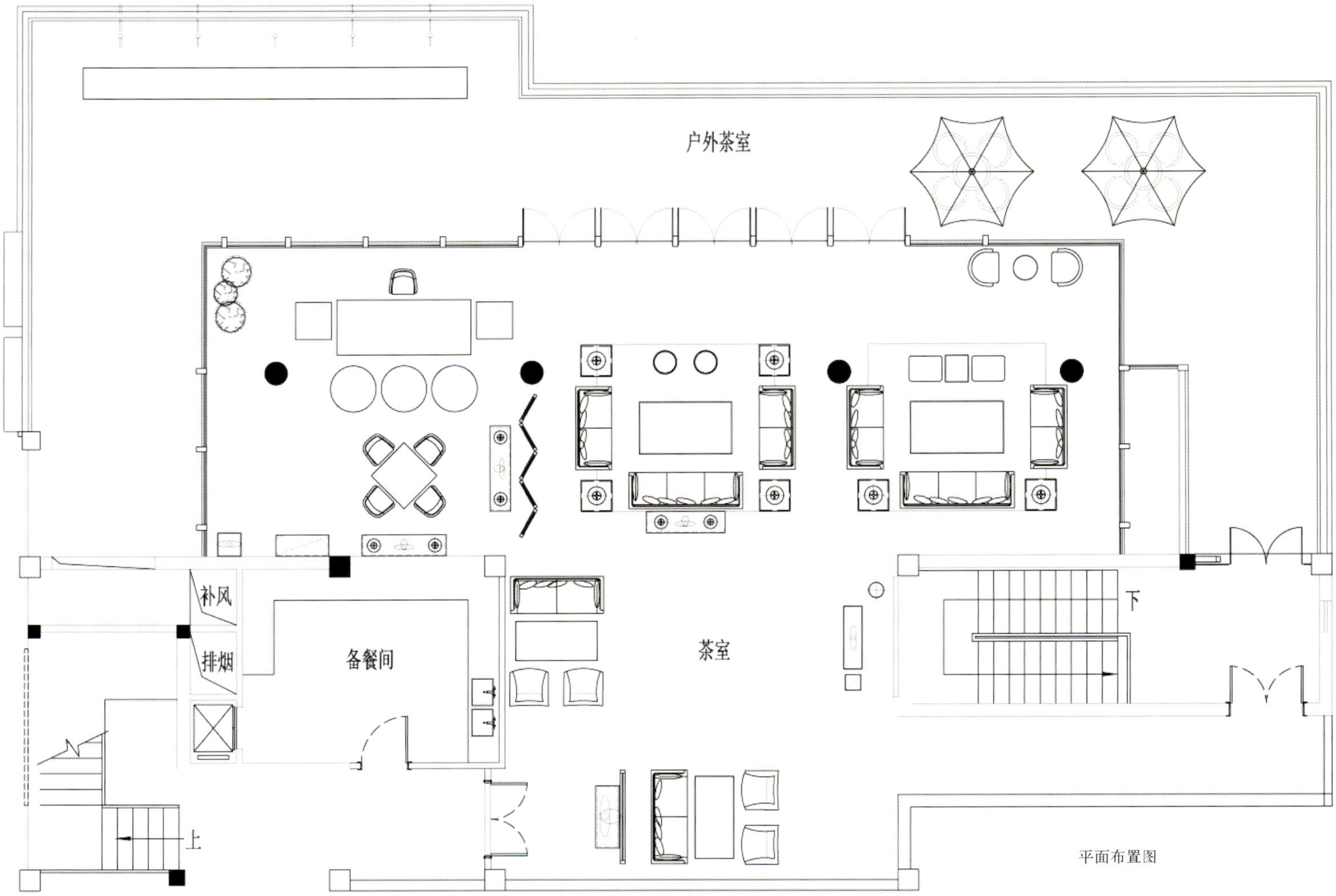

平面布置图

主案设计：
李鹏熙 Li Pengxi
博客：
http:// 807290.china-designer.com
公司：
广州三木鱼崔华峰设计工作室
职位：
设计总监

奖项：
2009 科勒卫浴橱窗设计金奖
2010 广州亚运会新闻发布中心景观设计
2010 广州亚运雕塑设计
2011中国金堂奖 优秀公共空间设计
2011海峡两岸四地 优秀办公空间设计
2011 FX Awards 英国设计大奖赛
2011 入选中国室内设计年鉴

项目：
无限极会议中心建筑与室内设计
18库企业总部空间设计
奈瑞儿美容连锁

奈瑞儿美容美体旗舰店
Flagship beauty-salon of Naturade

A 项目定位 Design Proposition
东方文化在现代空间中的体现。

B 环境风格 Creativity & Aesthetics
以建筑为主，融入东方文化艺术。

C 空间布局 Space Planning
有效利用自然采光，实现当代东方文化艺术商业空间。

D 设计选材 Materials & Cost Effectiveness
美学，声学，环保的综合决策。

E 使用效果 Fidelity to Client
独特的策划和设计，让商业空间更具有文化气息。

Project Name_
Flagship beauty-salon of Naturade
Chief Designer_
Li Pengxi
Location_
Guangzhou Guangdong
Project Area_
1,300sqm
Cost_
4,000,000RMB

项目名称_
奈瑞儿美容美体旗舰店
主案设计_
李鹏熙
项目地点_
广东 广州
项目面积_
1300平方米
投资金额_
400万元

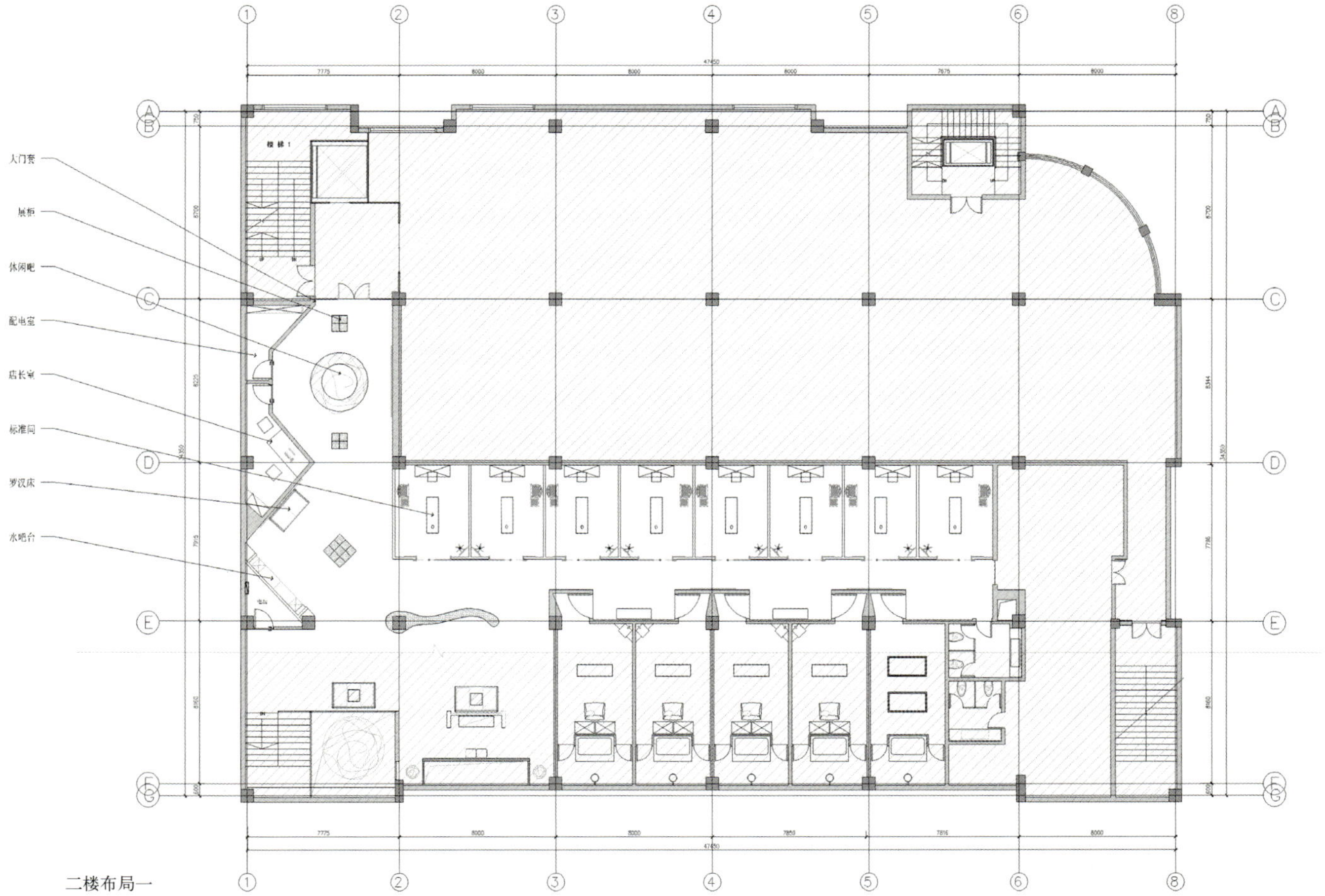

二楼布局一

主案设计：
靳全勇 Jing Quanyong
博客：
http:// 821275.china-designer.com
公司：
哈尔滨唯美源装饰设计有限公司
职位：
设计师

奖项：
1989年-2009年中国建筑学会室内设计分会成立二十周年“新锐设计师”荣誉称号

项目：
光谱美容spa馆
观江国际
哈公馆
青岛现代粗粮
焊接研究所办公楼

瑞SPA
Rain SPA

A 项目定位 Design Proposition

笑谈“神马都是浮云”，放下手中索事远离都市的喧嚣，让心情放松，尽情享受SPA带来的轻松、愉悦……

B 环境风格 Creativity & Aesthetics

室内空间简洁、明快、烛光般照明，温馨、自然。

C 空间布局 Space Planning

二层走廊中部的马头雕塑与地下的马尾雕塑，通过云雾般的铁艺楼梯栏杆相连结首尾呼应，使其三层空间连为一体。

D 设计选材 Materials & Cost Effectiveness

公共空间墙面、地面采用天然的玉石与半圆木线相互应，配合棚面，水晕般的肌理，体现人与自然的完美融合。

E 使用效果 Fidelity to Client

业主十分满意。

Project Name_
Rain SPA
Chief Designer_
Jing Quanyong
Location_
Harbin Heilongjiang
Project Area_
800sqm
Cost_
1,600,000RMB

项目名称_
瑞SPA
主案设计_
靳全勇
项目地点_
黑龙江省 哈尔滨市
项目面积_
800平方米
投资金额_
160万元

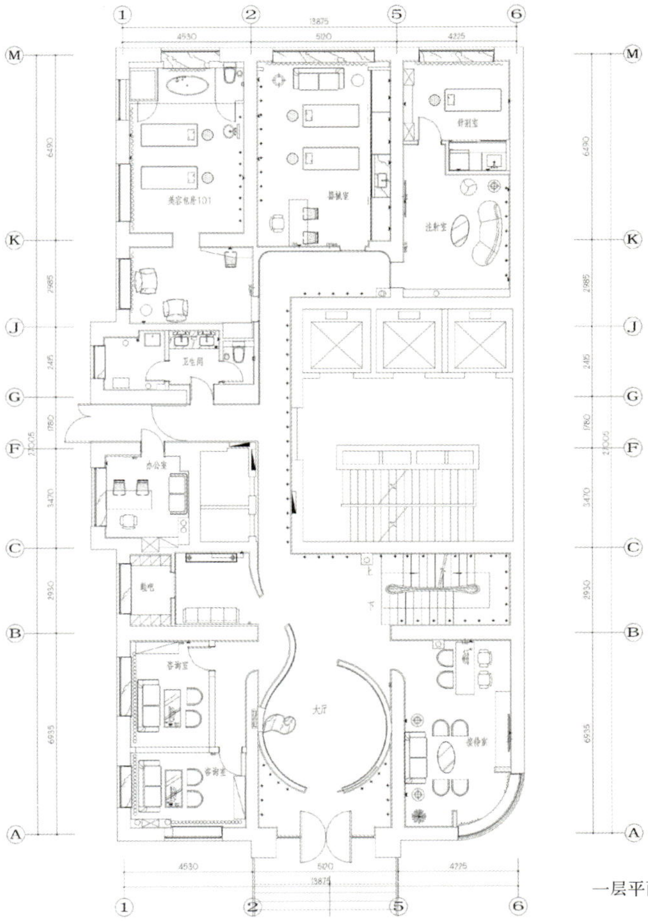

一层平面图

2F
1F
B1

主案设计：
苗正清 Miao Zhengqing
博客：
http:// 66346.china-designer.com
公司：
北京中美圣拓建筑工程设计有限公司
职位：
设计师

项目：
沈阳香缇澜山会所
华茂办公空间

北京雁栖湖高尔夫球会所
Yanqi Lake Golf Club

A 项目定位 Design Proposition
"遇、品、憩、聚"是整个会所要表达的一种休闲生活方式，用温和舒适又不失沉稳大气的米色与隐约又富有动感的深棕色作为主体色调；用温暖又快乐的橙黄色作为背景色，给人以华丽舒适的印象，让人仿佛置身于阳光下；用睿智的蓝色与热情的红色作为点缀色，给人以尊贵的感受。

B 环境风格 Creativity & Aesthetics
我们的主题风格是fashion classical，在古典的环境中加入时尚的颜色，让永恒的元素、符号达到一种内敛而不夸张的奢华。

C 空间布局 Space Planning
较大体量设计。为满足业主奢华的需求，空间做了加大处理。

D 设计选材 Materials & Cost Effectiveness
精致的石材拼接、精美的手工壁纸、时尚的皮革饰面、华丽的水晶制品以及各种纹理材质的搭配。

E 使用效果 Fidelity to Client
让人们除了感受到室外山光、水色、球道、果岭的高尔夫情怀之余更能享受到自由舒适高贵的度假体验。

Project Name_
Yanqi Lake Golf Club
Chief Designer_
Miao Zhengqing
Participate Designer_
Lin Zhenzhong, Zhou Yan
Location_
Huairou Beijing
Project Area_
13,000sqm
Cost_
3,160,000RMB

项目名称_
北京雁栖湖高尔夫球会所
主案设计_
苗正清
参与设计师_
林振中、周妍
项目地点_
北京 怀柔
项目面积_
13000平方米
投资金额_
316万元

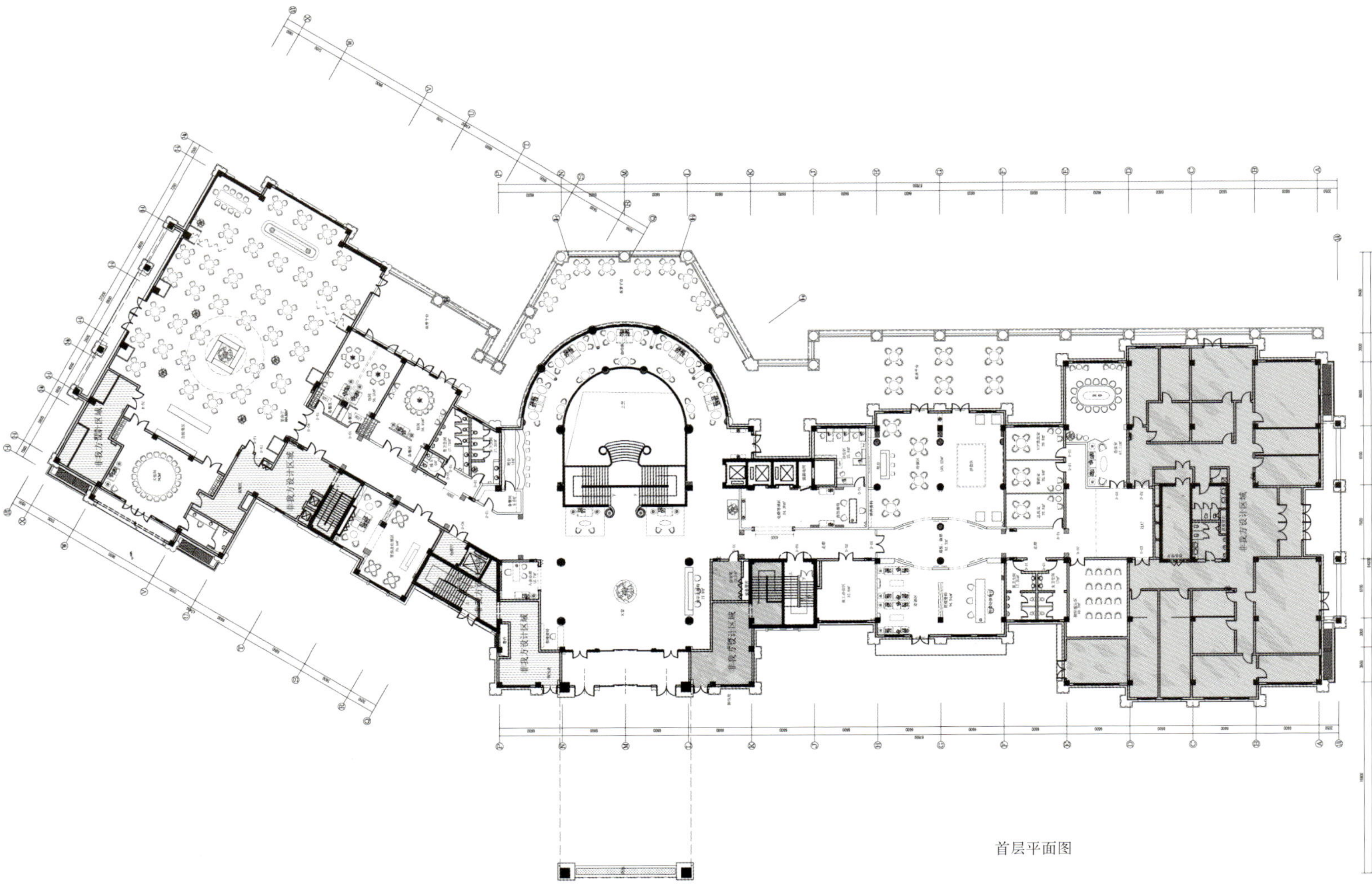

首层平面图

主案设计：
王严民 Wang Yanmin
博客：
http:// 113356.china-designer.com
公司：
黑龙江省佳木斯市豪思环境艺术顾问设计公司
职位：
首席设计师

奖项：
2011年中国室内设计大奖赛 优秀奖
2010年首届陈设中国“晶麒麟”奖提名奖
2010年中国室内设计“金堂奖”住宅公寓类年度十佳作品
2010年第八届中国国际室内设计双年展 优秀奖
2009年香港第十七届亚太区室内设计大奖荣誉奖
2009年“尚高杯”中国室内设计大奖赛 三等奖

茶会
Tea Club

A 项目定位 Design Proposition
“茶会”位于黑龙江省佳木斯市，身为本土设计师，没有刻意表达明清京韵和江南秀雅。

B 环境风格 Creativity & Aesthetics
力求将“茶会”打造出北方地域与秦汉气息相融合的人文氛围。

C 空间布局 Space Planning
厚重不失灵巧，简型做，朴气质。

D 设计选材 Materials & Cost Effectiveness
复古老墙砖、中式木格的融入，使东方韵味更加浓重。

E 使用效果 Fidelity to Client
给人内心以宁静致远的禅宗心境。

Project Name_
Tea Club
Chief Designer_
Wang Yanmin
Location_
Jimusi Heilongjiang
Project Area_
645sqm
Cost_
2,250,000RMB

项目名称_
茶会
主案设计_
王严民
项目地点_
黑龙江省 佳木斯市
项目面积_
645平方米
投资金额_
225万元

茶

主案设计：
李枫 Li Feng
博客：
http:// 154830.china-designer.com
公司：
西安枫鸟环境艺术设计有限公司
职位：
总经理

职称：
中国高级室内建筑师
中国建筑学会室内设计学会会员
中国建筑装饰协会设计委员会委员
奖项：
2005年室内设计观摩展
2007年鹰陶瓷杯室内设计大赛全国百强奖
多届海峡两岸四地室内设计大赛

项目：
西安（香港）半岛酒店建筑改造与室内设计
西安水晶岛公寓式酒店室内设计
西安建国饭店改造工程
西安建委建设工程交易中心大厦室内设计
西安志诚丽柏酒店（与HBO+EMBT公司合作设计）

沈钧儒别墅会所
Shen Junru villadom club

A 项目定位 Design Proposition
该故居别墅在北戴河中央直属度假区的东经路上，建于1910年，毗邻何香凝别墅故居，如今进行保护性修复和改造，用作企业私属会所。

B 环境风格 Creativity & Aesthetics
将名人别墅改造为尊贵奢华的私人现代会所，避免表面的文化包装，在气质内涵上展现文化主题，体现大儒之居的端庄、大气、沉稳、平和，在低调奢华中体现人文气息，将儒家思想的精髓融入空间和陈设品当中。

C 空间布局 Space Planning
维持原建筑构造和格局，将空间化零为整，营造开阔挺拔的大气效果，利用原建筑的窗及门洞形式强化自然采光好的优势。运用艺术品的"空间化"、"装置化"的手法显现儒家文化和当代审美标准。将与沈均儒大儒雅，至情性的品格与喜好在陈设与装饰中充分体现出来。家具样式，与沈均儒所经历的特殊历史时代和政治空间相协调，并运用现代的材料和手法赋予其当代性。因会所空间的特殊性，灯光设计求低调、以暗藏光、地角光、和氛围光主导照明，吊灯、台灯、落地灯，壁灯强调作为形体和材质的特殊性。卫生间是重中之重，强调奢华、尊贵，运用软木、皮革、石材、实木、壁纸、玻璃，艺术品等综合手法强调奢华感。

D 设计选材 Materials & Cost Effectiveness
地面材料以实木地板（局部古典拼花）为主，铺以地砖、石材、定制马赛克、皮革、银波、特种玻璃，特种油漆等。运用定制的木质面材料作为主体元素，结合壁纸打造沉稳、平和、高贵，典雅的空间氛围，材料质地和色彩与主体相符合。

E 使用效果 Fidelity to Client
成为当地众多文物性建筑修旧如旧以及再创造使用的典范。

Project Name_
Shen Junru villadom club
Chief Designer_
Li Feng
Participate Designer_
Ge Lin
Location_
Qinhuangdao Hebei
Project Area_
480sqm
Cost_
15,000,000RMB

项目名称_
沈钧儒别墅会所
主案设计_
李枫
参与设计师_
葛琳
项目地点_
河北省 秦皇岛市
项目面积_
480平方米
投资金额_
1500万元

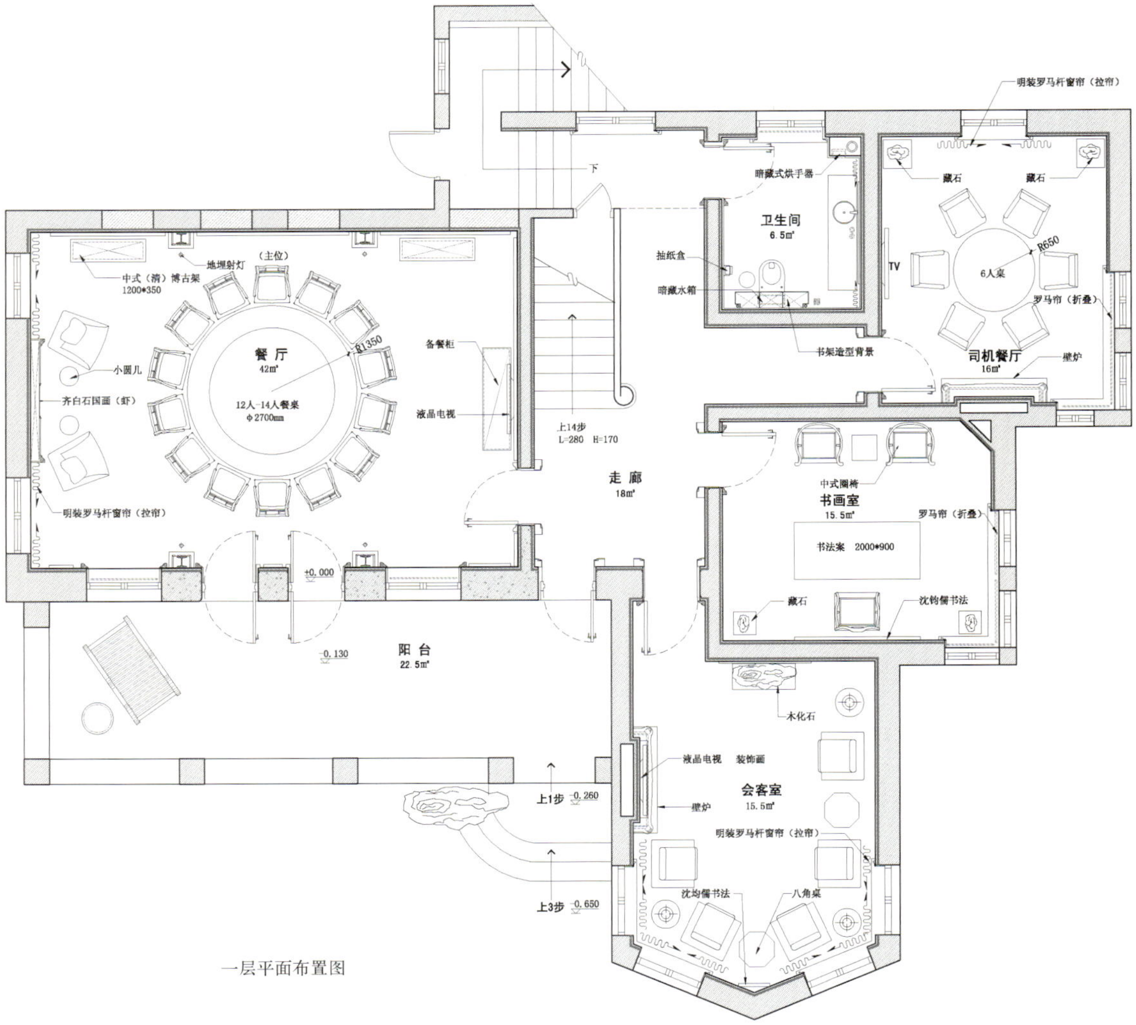
明装罗马杆窗帘（拉帘）
暗藏式烘手器
卫生间
6.5㎡
藏石
藏石
TV
R650
6人桌
抽纸盒
暗藏水箱
罗马帘（折叠）
书架造型背景
司机餐厅
16㎡
壁炉
中式（清）博古架
1200*350
地埋射灯
（主位）
小圆几
餐厅
42㎡
R1350
12人-14人餐桌
Φ2700mm
备餐柜
液晶电视
齐白石国画（虾）
明装罗马杆窗帘（拉帘）
上14步
L=280 H=170
走廊
18㎡
中式圈椅
书画室
15.5㎡
罗马帘（折叠）
书法案 2000*900
±0.000
藏石
沈钧儒书法
-0.130
阳台
22.5㎡
木化石
液晶电视 装饰画
会客室
15.5㎡
上1步 -0.260
壁炉
明装罗马杆窗帘（拉帘）
沈钧儒书法
八角桌
上3步 -0.650
下

一层平面布置图

主案设计：
何兴泉 He Xingquan
博客：
http:// 160169.china-designer.com
职位：
主案设计师

奖项：
2011金堂奖休闲空间类十佳

项目：
敔山湾会所

刘家大院
Liu's Grand Courtyard

A 项目定位 Design Proposition

刘家大院即刘墉江阴任职期间官邸。刘家大院借助刘墉故居的地域文化，还原其建筑古宅，利用建筑及环境的先天优势，打造具有现代功能的人文餐饮会所。传承故居文化，传承名人文化，传承江阴文化。原生态与时尚的现代设计风格相结合。创造一个城市，建筑，自然和人和谐共处的中间地带“灰色空间”。

B 环境风格 Creativity & Aesthetics

设计风格采用了纯建筑美学的表现手法，尽量注重发挥结构本身的形式美，但同时充分利用地域文化特有的基本风格，用现代简约的表现手法，表达餐饮会所氛围、地域风情和开放文化的融合。

C 空间布局 Space Planning

空间布置上，以“庭”“院”为主导，将各类型空间以点位的方法分散布置，再通过曲桥、连廊、庭院有机地将这些分散的独立空间衔接起来，整体错落有致，层次分明。

D 设计选材 Materials & Cost Effectiveness

材料上以环保、实用为方针，在种类的控制上以精简为主，不出现过多杂乱的材质，以保证品质的控制性，材质在前期就作出了性价比，施工性，持久实用性，防火犯规性等多方面的删选。

E 使用效果 Fidelity to Client

经多方共同努力，解决种种困境，最后在运营终于赢得了业主及广大消费客户的一致认可。

Project Name_
Liu's Grand Courtyard
Chief Designer_
He Xingquan
Location_
Wuxi Jiangsu
Project Area_
3,500sqm
Cost_
6,500,000RMB

项目名称_
刘家大院
主案设计_
何兴泉
项目地点_
江苏 无锡
项目面积_
3500平方米
投资金额_
650万元

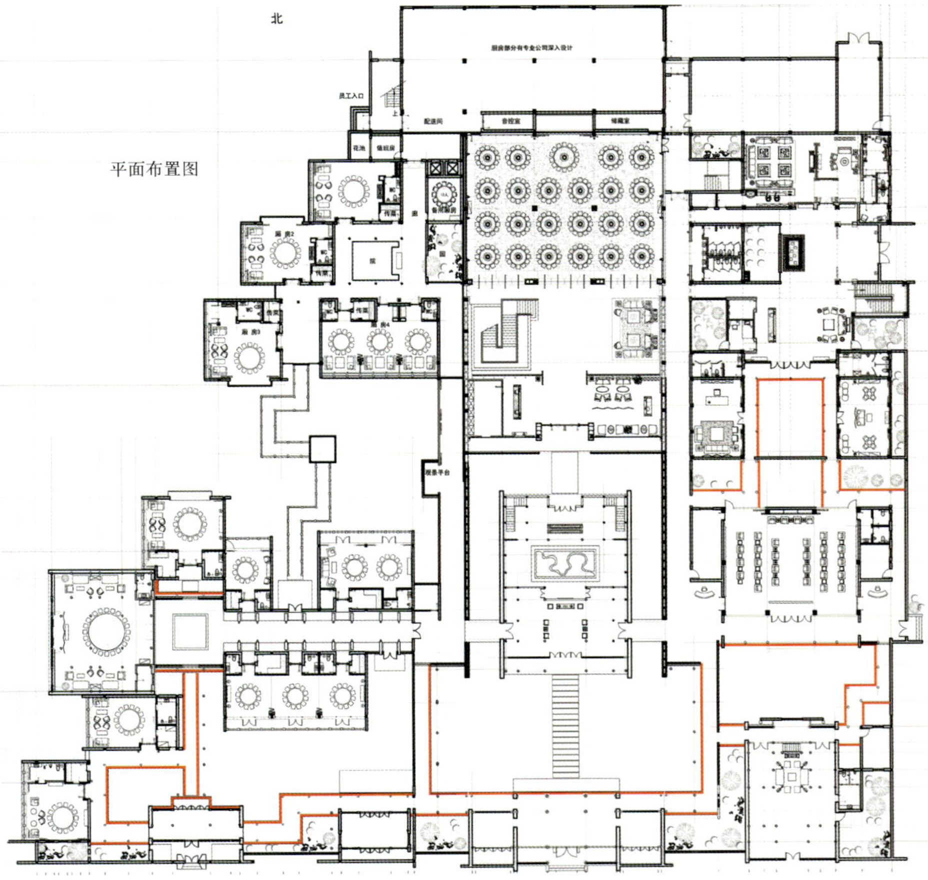

平面布置图

主案设计：
王仲文 Wang Zhongwen
博客：
http:// 490233.china-designer.com
公司：
哈尔滨唯美源装饰设计有限公司
职位：
设计师

奖项：
1989-2009中国室内设计二十年"优秀设计师"

项目：
惠鸿SPA美容馆
印象食代
名华四季
梦天湖
采珍集一
采珍集二
光谱SPA

广州梦天湖
DREAM·LAKE, Guangzhou

A 项目定位 Design Proposition
广州自古以来就是个港口城市，中国的青花瓷和茶叶从这里传播到世界各地，同时西方的文化和生活方式也在这块土地上蔓延，融入到人们的生活中。

B 环境风格 Creativity & Aesthetics
本案位于广州市区，基于这座城市的文化背景，设计的重点就落在"融合"上。

C 空间布局 Space Planning
时尚与古典融合，现代与传统融合，既有东方的婉约意境，又借鉴西方简单的生活方式。

D 设计选材 Materials & Cost Effectiveness
将东西方精髓汇聚一身，把各种材料的细节处理，归结到万物之本，只在于平衡与和谐。

E 使用效果 Fidelity to Client
让人体会到空间之美，温润淡雅的色调，体现出质朴超然的情调，呈现出当下人们的一种生活方式，它也承载着这座城市的风景与魅力。

Project Name_
DREAM·LAKE, Guangzhou
Chief Designer_
Wang Zhongwen
Location_
Guangzhou Guangdong
Project Area_
15,000sqm
Cost_
50,000,000RMB

项目名称_
广州梦天湖
主案设计_
王仲文
项目地点_
广东 广州
项目面积_
15000平方米
投资金额_
5000万元

主案设计：
吴宗敏 Wu Zongmin
博客：
http:// 796760.china-designer.com
公司：
广州市山田组设计院工程有限公司
职位：
总设计师

奖项：
2009年度中国饭店业设计装饰大赛金堂奖"红艺术馆"金奖
"金椰雨林"荣获2010年中国国际空间环境艺术设计餐饮娱乐工程类筑巢奖 金奖
第七届中国室内设计双年展"红馆广州私房名菜"、"红艺术馆"佳作奖
第三届广东环境艺术设计大赛"红馆广州私房名菜" 金奖
"中山一路至中山六路建筑外立面景观设计改造工程"设计获第四届广州建筑装饰设计大赛 城市景观银奖

项目：

文君空间乐章	品尚轩
金椰雨林	潮汕轩
红馆广州私房名菜	

广州中侨天河体育会所

Tianhe sports club of ZhongQiao in Guangzhou

Project Name_
Tianhe sports club of ZhongQiao in Guangzhou
Chief Designer_
Wu Zongmin
Participate Designer_
Feng Shengqiang, Liang Shuhua, Huang Huaquan
Location_
Guangzhou Guangdong
Project Area_
6,000sqm
Cost_
18,000,000RMB

项目名称_
广州中侨天河体育会所
主案设计_
吴宗敏
参与设计师_
冯盛强、梁淑华、黄华权
项目地点_
广东 广州
项目面积_
6000平方米
投资金额_
1800万元

A 项目定位 Design Proposition

中侨会位于广州天河体育中心内，是一家体育主题形式的高端会所。会所占地面积约6000平方米，设有标准游泳池，乒乓球，桌球，健身中心餐饮等设施。设计中尝试建筑与室内相结合进行，做到建筑设计与室内设计一步到位。

B 环境风格 Creativity & Aesthetics

中侨会建筑设计以岭南建筑风格为设计来源，通过对传统岭南建筑细部的分析和大胆改良，重新打造了具有现代构造艺术特点而富个性的新中式建筑风格。

中侨会室内部分与建筑同期完成，没有二次装修，大大节省了投资成本，也不失室内空间的内涵和个性。设计师在装饰上分别赋予了他们四个文化主题：青花神韵，东方印象，春秋华影和水墨灵彩。通过主题空间进行配饰整合，提升了空间的艺术氛围，也提升了空间文化品位。

C 空间布局 Space Planning

人字形的屋顶设计打破了传统中轴对称的构造手法，屋顶斜面错开，留有彩光天窗，曲直有间，粗细有道。

D 设计选材 Materials & Cost Effectiveness

长达45米的中轴水景，贯通南北，观景平台在高低间穿行，难得的亲水长廊尽显纯静。建筑设计在用材上选用具有岭南民居风情的材料，芝麻灰、外墙漆和红粉石等，材料造价低但个性和艺术感十足。

E 使用效果 Fidelity to Client

传统的借景手法缔造了一段柔美的历史盛宴和文化之旅，这里没有热闹，没有叫嚣，而更多的是静下心来慢慢品味的经典。

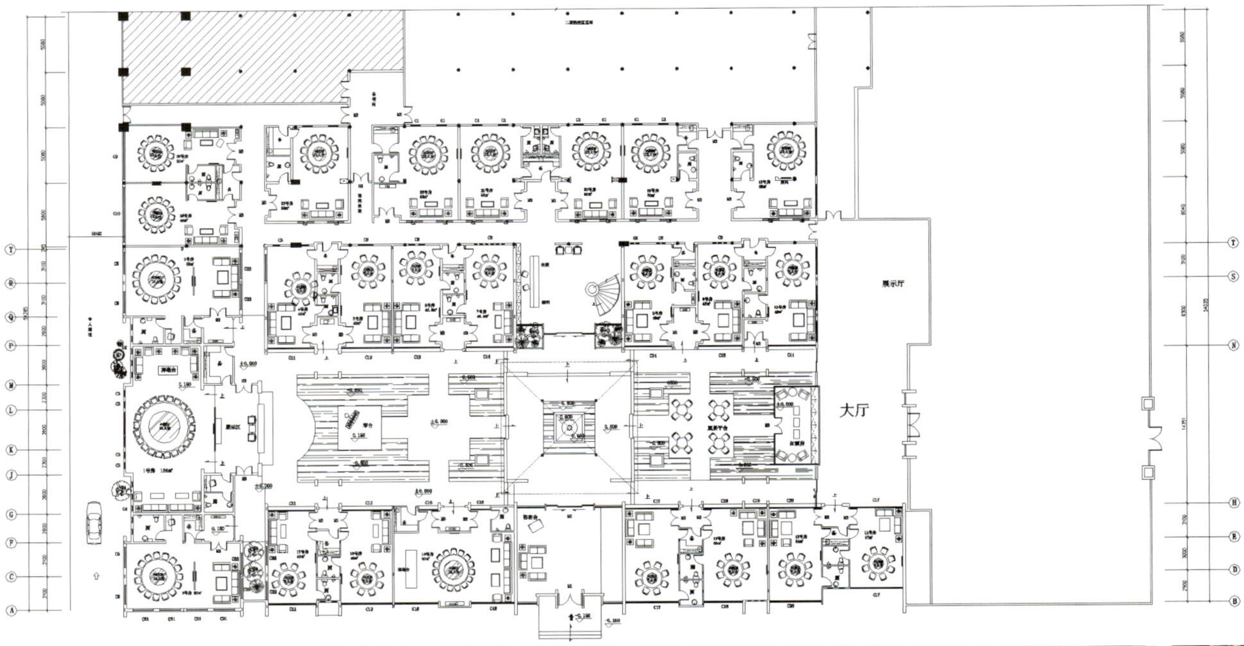

首层平面布置图

主案设计：
徐昕 Xu Xin
博客：
http:// 800376.china-designer.com
公司：
杭州杜马环境设计有限公司（DDG）
职位：
设计总监

奖项：
2005年被评为IAID最具影响力中青年设计师
2009年被评为“两岸三地”最具创意设计师
历年多次获浙江省优秀设计奖（包括公建类和住宅类）

项目：
北京通盈洲际酒店SPA
上海三至喜来登酒店SPA
南昌皇冠假日酒店SPA
杭州市民中心
杭州东部国际商务中心
万达泉州(等)万千百货
华润松江九里
杭州基督教下沙磐石堂
长沙黄花国际机场集团大鹏湾别墅区景观

上海三至喜来登酒店SPA区
Shanghai Sanzhi Sheraton Hotel SPA Interior Design

A 项目定位 Design Proposition
改变国际五星品牌酒店SPA的常规做法，采用全套房设计。

B 环境风格 Creativity & Aesthetics
常规SPA采用东南亚等休闲风格，本案结合了现代中式和简约风格，既传统又摩登，与整个酒店风格协调。

C 空间布局 Space Planning
大多数酒店SPA区域都位于一个平层。本案小小的1000平方米，分成三个楼层，既有挑战，又带来空间的变化。中央白色螺旋楼梯成为空间和视觉的中心。

D 设计选材 Materials & Cost Effectiveness
深色柚木，棕色麻编与木纹石，白色人造石结合，软与硬的碰撞，自然与高雅的混搭，产生独特的风格。

E 使用效果 Fidelity to Client
该运营商是国内最顶级的水疗运营团队，也是喜达屋集团的固定合作伙伴。房型的合理设计，空间动线的组织，自然清新的氛围，使该场所虽然面积不大，却成为喜来登系列Shine SPA 中的佼佼者。

Project Name_
Shanghai Sanzhi Sheraton Hotel SPA Interior Design
Chief Designer_
Xu Xin
Participate Designer_
Hong Shan
Location_
Shanghai
Project Area_
1,000sqm
Cost_
6,000,000RMB

项目名称_
上海三至喜来登酒店SPA区
主案设计_
徐昕
参与设计师_
洪珊
项目地点_
上海
项目面积_
1000平方米
投资金额_
600万元

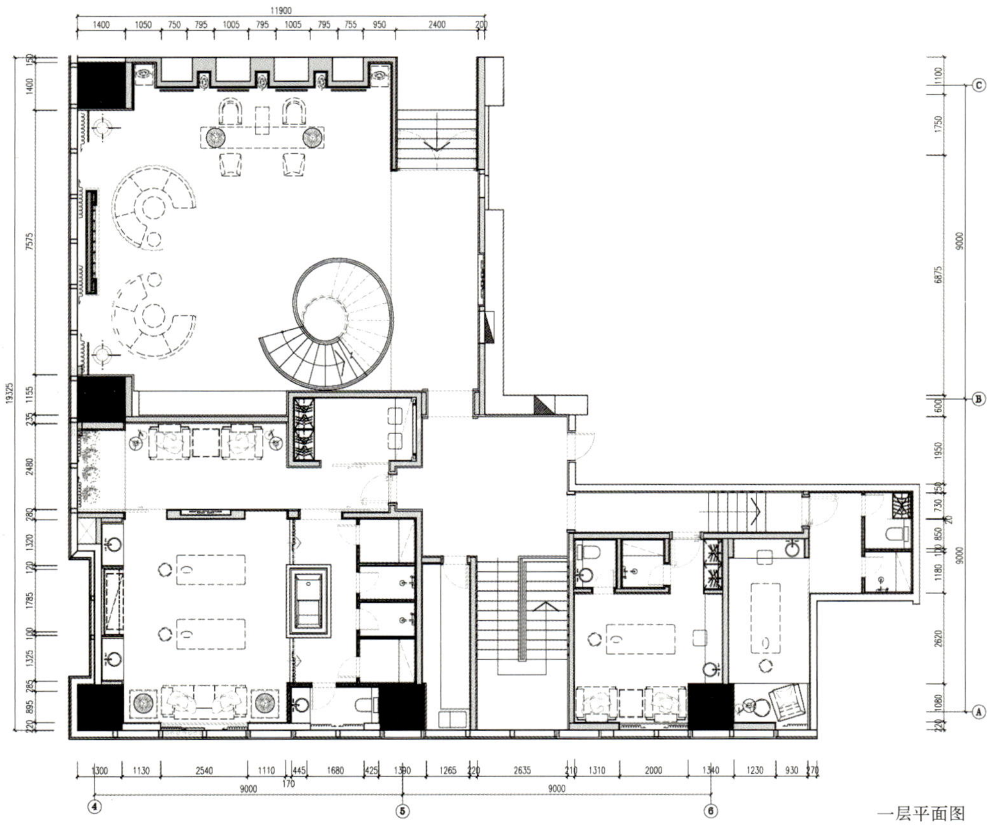

一层平面图

主案设计：
李鹏熙 Li Pengxi
博客：
http:// 807290.china-designer.com
公司：
广州三木鱼崔华峰设计工作室
职位：
设计总监

奖项：
2009 科勒卫浴橱窗设计金奖
2010 广州亚运会新闻发布中心景观设计
2010 广州亚运雕塑设计
2011中国金堂奖 优秀公共空间设计
2011海峡两岸四地 优秀办公空间设计
2011 FX Awards 英国设计大奖赛
2011 入选中国室内设计年鉴

项目：
无限极会议中心建筑与室内设计
18库企业总部空间设计
奈瑞儿美容连锁

水木会所
Naturade Club house

A 项目定位 Design Proposition
东方文化在现代空间中的体现。

B 环境风格 Creativity & Aesthetics
以建筑为主，融入东方文化艺术。

C 空间布局 Space Planning
在不破坏原有建筑的同时，最完整地呈现当代东方文化艺术空间。

D 设计选材 Materials & Cost Effectiveness
美学，环保的综合决策。

E 使用效果 Fidelity to Client
独特的策划和设计，让会所更加有亲和力。

Project Name_
Naturade Club house
Chief Designer_
Li Pengxi
Location_
Guangzhou Guangdong
Project Area_
980sqm
Cost_
4,000,000RMB

项目名称_
水木会所
主案设计_
李鹏熙
项目地点_
广东 广州
项目面积_
980平方米
投资金额_
400万元

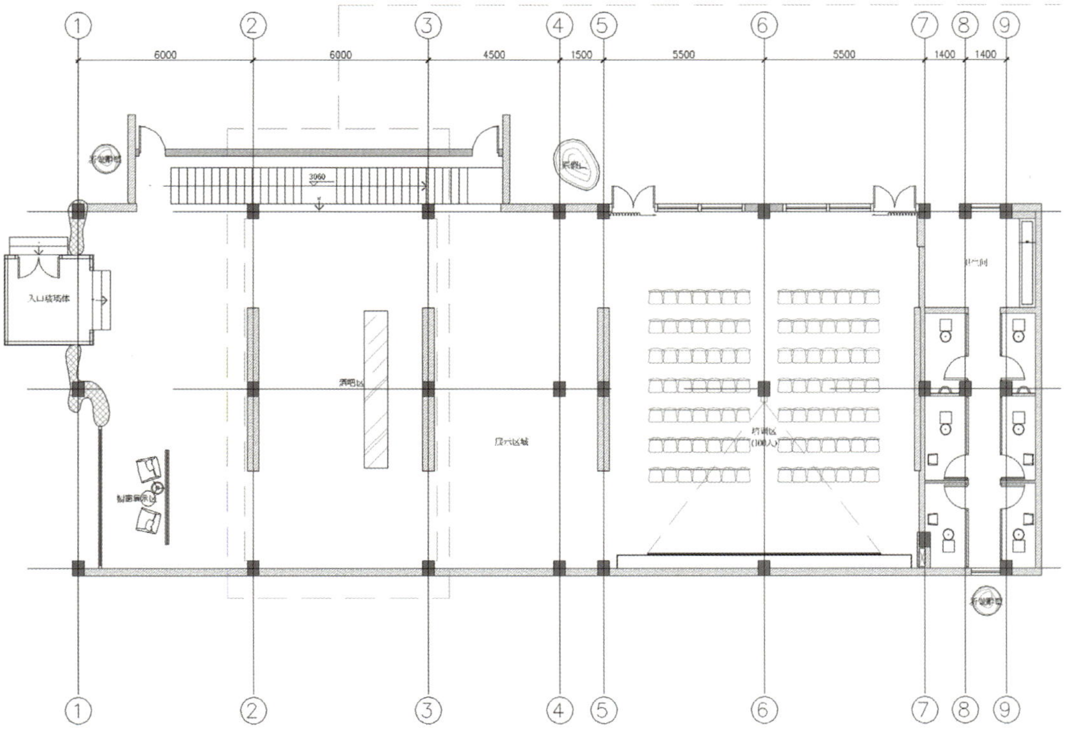

平面布置图

水為生之源
木為命之根

主案设计：
孙传进 Sun Chuanjin
博客：
http:// 816869.china-designer.com
公司：
无锡市观点设计工作室
职位：
主案设计师

奖项：
2011年金堂奖十佳餐饮空间设计

项目：
苏州苏悦精品餐厅
镇江九鼎国际水会

宜兴巴登巴登温泉酒店会所

Yixing Baden-Baden Hot Spring Hotel

A 项目定位 Design Proposition
项目位于无锡市宜兴市环科园10号，巴登巴登酒店温泉是服务于追求高档品质生活的中高档消费人群的温泉俱乐部。

B 环境风格 Creativity & Aesthetics
高贵典雅的装饰风格，融汇古典与现代的文化元素，时尚浪漫的主题氛围，扑面而来的艺术气息，烘托出独一无二的卓越品位。

C 空间布局 Space Planning
以时尚流行文化为主线，高雅经典，与城市文化元素契合。

D 设计选材 Materials & Cost Effectiveness
设计上运用了大量的深色木饰面以及大理石、皮革硬包、布艺等相互呼应，相互衬托。

E 使用效果 Fidelity to Client
自营业以来取得了较好的经济效益，在业内外建立了一定的知名度，吸引了一批稳定的客源。

Project Name_
Yixing Baden-Baden Hot Spring Hotel
Chief Designer_
Sun Chuanjin
Participate Designer_
Hu Qiang
Location_
Yixing Jiangsu
Project Area_
3,100sqm
Cost_
13,000,000RMB

项目名称_
宜兴巴登巴登温泉酒店会所
主案设计_
孙传进
参与设计师_
胡强
项目地点_
江苏 宜兴
项目面积_
3100平方米
投资金额_
1300万元

一层总平面图

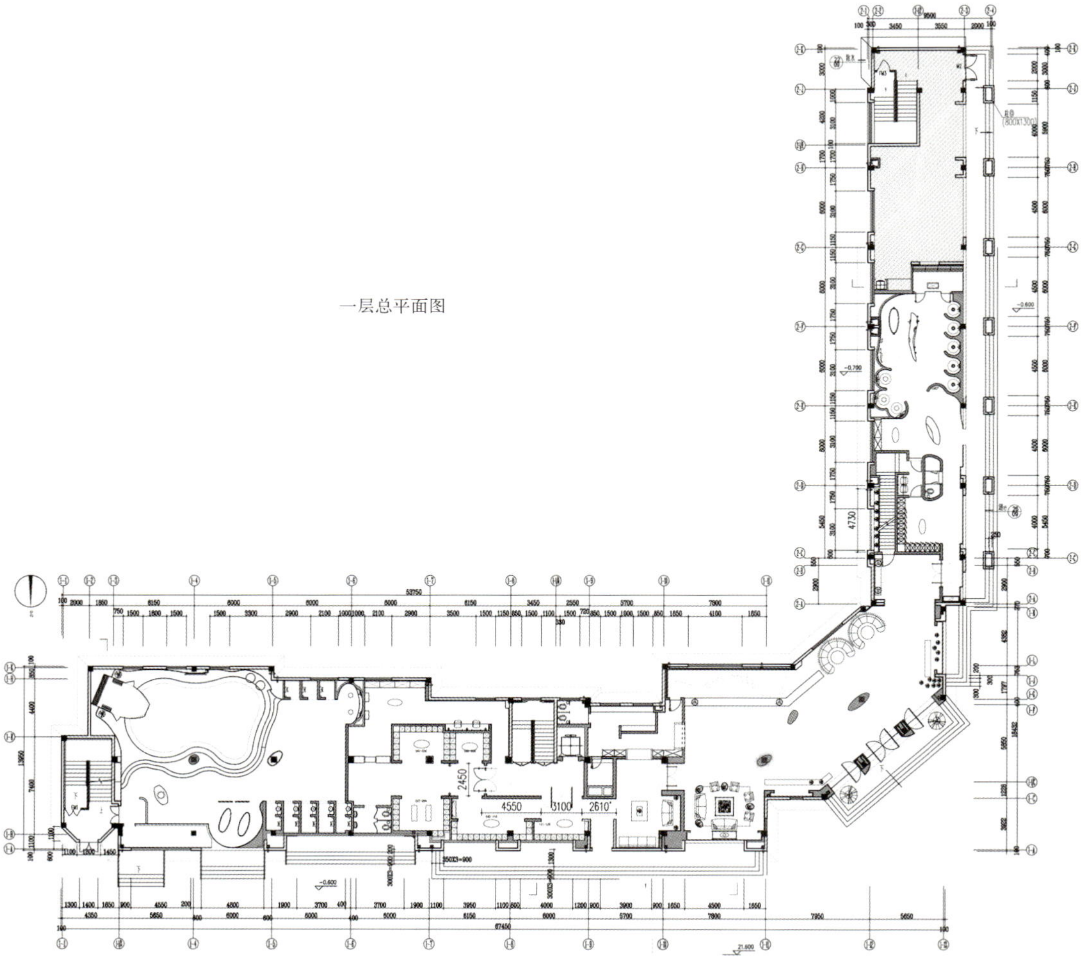

Baden
巴登

主案设计：
郑仕樑 Zheng Shiliang
博客：
http:// 819376.china-designer.com
公司：
IVAN C. DESIGN LIMITED
职位：
总经理兼设计总监

奖项：

2012/2013 英国安德鲁•马丁(Andrew Martin)国际室内设计年度奖

2012 International Hotel & Property Awards

2012 金指环- iC @ward 2011全球设计大奖

2012 香港《ib雅舍》室　设计及家品品牌大奖居住空间“装饰艺术”奖

2011/2012 英国安德鲁•马丁(Andrew Martin)国际室内设计年度奖

项目：

香港国际机场航天城万豪酒店
中国杭州千岛湖滨江希尔顿度假酒店
中国北京棕榈泉国际公寓
中国重庆万豪酒店
中国上海东锦江索菲特大酒店
中国上海淳大万丽酒店
中国上海Radisson兴国宾馆
中国上海悦达花园样板间/售楼处
中国北京国航万丽酒店
中国杭州滨江阳光金色海岸会所

杭州湘湖壹号会所
Xianghu No.1 Club

A 项目定位 Design Proposition
湘湖壹号会所定位于五星级酒店高级豪华会所。设计师大胆运用新古典手法，追求古典与现代美学之间的平衡，散发着一种美和文化气息，营造出无限的艺术空间。

B 环境风格 Creativity & Aesthetics
会所的设计令客人感受到尊贵典雅、品味艺术以及时尚现代。在色彩运用方面，以金黑米色为主色调，并以黑白相衬，烘托出强烈的艺术光感。

C 空间布局 Space Planning
设计区域共三层，首层包含大堂，中餐厅等；二层包含中餐VIP包厢，棋牌室，SPA等；地下一层有游泳池、健身房，男女更衣室，瑜伽房，酒窖，品酒区，雪茄吧等。其中，尤以大堂、中餐厅和地下游泳池、酒窖极富特色。大堂拥有双层挑空层，层高达10米，中餐厅共分为两层，主厅及贵宾房设在一层，自助贵宾房与多功能厅设在二层，处处以浓厚的现代气息体现中国的传统文化元素；游泳池蓝天白云的天花设计与池底深浅渐变的蓝色马赛克呼应成趣，600余平方米的地下酒窖，存储空间在同等项目中是极为罕见的。

D 设计选材 Materials & Cost Effectiveness
在选材上，大量使用帝皇金、贝金沙大理石铺设地面，并辅以青中玉，凡尔赛金等名贵石材，以黑檀木作壁饰。其中清玻璃、磨砂玻璃与马赛克光影交错，熠熠生辉，形成强烈的视觉冲击；在艺术品上，运用水晶、蓝色陶瓷配铜，彰显高贵、典雅 、浪漫的法式风情。并以花卉艺术突出主题，以中国红色系为基调，黄绿色穿插互补，从传统绘画到现代装置，东西方文化在这里交融。

E 使用效果 Fidelity to Client
在设计师的塑造下，每个角落都焕发生机，体现奢华享受。

Project Name_
Xianghu No.1 Club
Chief Designer_
Zheng Shiliang
Location_
Hangzhou Zhejiang
Project Area_
7,000sqm
Cost_
80,000,000RMB

项目名称_
杭州湘湖壹号会所
主案设计_
郑仕樑
项目地点_
浙江省 杭州市
项目面积_
7000平方米
投资金额_
8000万元

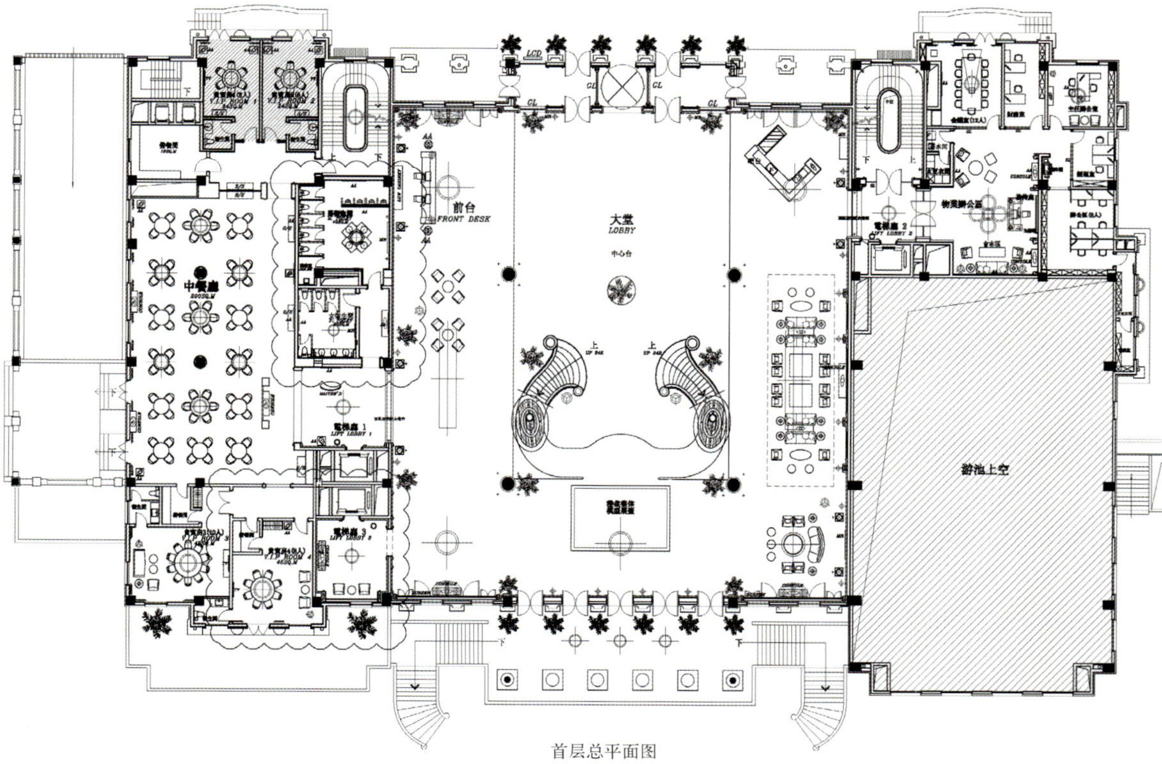

首层总平面图

主案设计：
李文婷 Li Wenting
博客：
http:// 819962.china-designer.com
公司：
四川创视达建筑装饰设计有限公司
职位：
设计总监

奖项：

2011年金堂奖十佳办公空间作品奖、金堂奖十佳公共空间作品奖。

2011年CIID第十四届中国室内设计大奖赛银奖、铜奖

项目：

周大福重庆旗舰店
四川教育学院艺术楼
德阳高尔夫会所
上海诺华办公楼
面包新语仁恒店
澳洲湾样板间、售楼部
老房子.深圳店、武汉店
玖源集团办公楼
观城.销售中心、样板房
圣大摩尼卡餐厅
坡林顿.销售中心
西南财大.实训基地办公楼
四川国际招标公司办公室

攀枝花红山高尔夫2号会所
Panzhihua Red Mountain Golf Club2

A 项目定位 Design Proposition

攀枝花红山高尔夫2号会所结合了优雅的自然环境和周边成熟的高尔夫球场，构筑一种与自然无限接近同时又极具人文之美的高尔夫休闲度假场所。

B 环境风格 Creativity & Aesthetics

利用借景手法把室外入口打造成无边界水池，给人以慵懒的感受，更把空间自然的延伸到室内。自然的石材、挺拔的棕榈树，细细的水声，构成了会所自然而有序的景观包围式入口。类似元宝一样的无边界水池在四层美式建筑前形成了独特的景观。会所的品味是在自然里体会精致与经典，这里有最好的环境位置、设施、服务、私人空间，让客人拥有足够的活动空间，充分享受唯一的、浪漫的会所体验。

C 空间布局 Space Planning

会所拥有宽敞的酒店套房、高尔夫的配套设施、餐厅、KTV娱乐、咖啡茶餐厅等。每个空间的设计上我们都充分考虑，尽量让不同区域的客人都能欣赏和体会到果岭、湖泊、亚热带气候的景致。

D 设计选材 Materials & Cost Effectiveness

这里我们融合了本地景观，其设计本质上更多加入了美式乡村精神的度假性。精心设计的仿旧木质和粗糙石材，同时也体现了对固定装置的功能性和装饰性的重视。室外汤池的设计更希望客人能在足够放松心灵的同时，欣赏室外景观带来的与城市不一样的体验。

E 使用效果 Fidelity to Client

客人能在此放松心灵，舒缓身心，享受浪漫会所体验。

Project Name_
Qingdao zhonghaidasha
Chief Designer_
Li Wenting
Participate Designer_
Zhang Can, Liu Bo
Location_
Panzhihua Sichuan
Project Area_
6,000sqm
Cost_
10,000,000RMB

项目名称_
攀枝花红山高尔夫2号会所
主案设计_
李文婷
参与设计师_
张灿、刘波
项目地点_
四川 攀枝花
项目面积_
6000平方米
投资金额_
1000万元

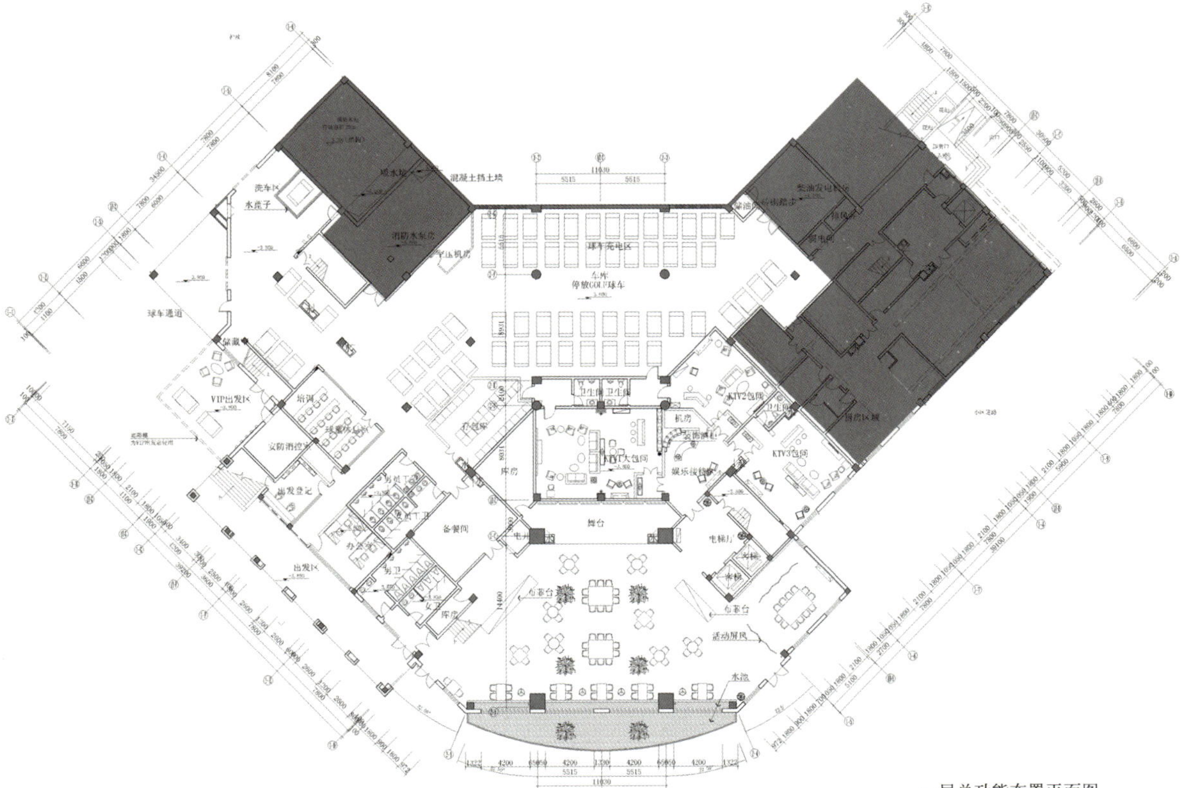

一层总功能布置平面图

BEPOO

主案设计：
薛鲮 Xue Ling
博客：
http:// 821681.china-designer.com
公司：
北京中美圣托建筑工程有限公司
职位：
设计师

奖项：
2011全国室内装饰设计优秀设计奖

项目：
成都天府高尔夫会所
天津中央公园会所
北京花家怡园王府井店

天府

Chendu Tianfu Golf Club

A 项目定位 Design Proposition
休闲度假感觉的中式风会所。

B 环境风格 Creativity & Aesthetics
地处成都青羊区，结合中式细节和度假式的休闲空间，大气而不失优雅。

C 空间布局 Space Planning
对称秩序的空间布局，优雅的流线，注重借景。

D 设计选材 Materials & Cost Effectiveness
灰砖，柚木，马来漆，椰壳。

E 使用效果 Fidelity to Client
营造了出众大气的氛围，在当地反响良好。

Project Name_
Chendu Tianfu Golf Club
Chief Designer_
Xue Ling
Participate Designer_
Lv Donghui
Location_
Chengdu Sichuan
Project Area_
4,500sqm
Cost_
2,470,000RMB

项目名称_
天府
主案设计_
薛鲮
参与设计师_
吕东辉
项目地点_
四川 成都
项目面积_
4500平方米
投资金额_
247万元

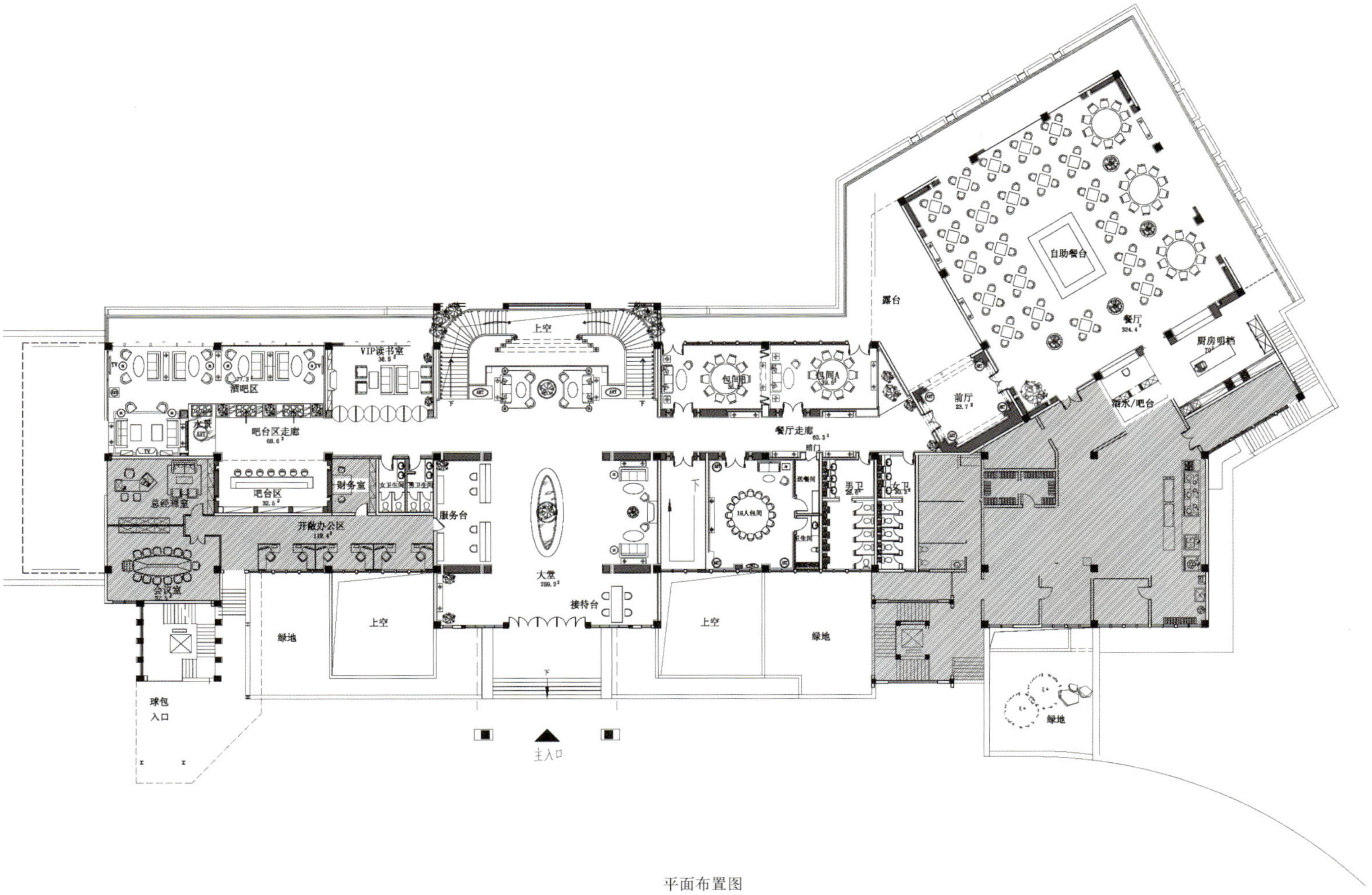
上空
VIP读书室
酒吧区
包间B
包间A
露台
自助餐台
餐厅
前厅
厨房明档
酒水/吧台
吧台区走廊
餐厅走廊
吧台区
财务室
总经理室
开敞办公区
服务台
大堂
接待台
16人包间
男卫
女卫
会议室
绿地
球包
入口
主入口

平面布置图

主案设计：
吴联旭 Wu Lianxu
博客：
http:// 822040.china-designer.com
公司：
C&C联旭室内设计公司
职位：
总设计师

奖项：
2011年度十佳办公空间

项目：
玲珑

静会所
Clubs Statiques

A 项目定位 Design Proposition
静会所坐落在福州有着历史文脉的古建筑群三坊七巷中，本案突出其历史厚重感，并与传统文化相互结合，着手打造具有浓郁地方气息的茶文化交流会所。

B 环境风格 Creativity & Aesthetics
设计师以大自然为师，由内至外追求与周围环境的和谐，取材自然，尊重原建筑，协调各种环境要素，细腻地转换着空间，展开优雅宁静的画面。

C 空间布局 Space Planning
设计师以具有地方特色的院落建筑为骨架，内部装修时，我们将古宅的使用功能转化成为满足于现代需求，既保留了古建筑的典雅，又不失现代韵味。

D 设计选材 Materials & Cost Effectiveness
在选材上尊重原建筑传统，遵循绿色环保原则，展现地方文化特色。

E 使用效果 Fidelity to Client
开放后，已成为一个为会员提供文化展览、学术交流、品茗会友的综合会馆，成为引领茶业发展的风向标。

Project Name_
Clubs Statiques
Chief Designer_
Wu Lianxu
Location_
Fuzhou Fujian
Project Area_
1,200sqm
Cost_
2,300,000RMB

项目名称_
静会所
主案设计_
吴联旭
项目地点_
福建 福州
项目面积_
1200平方米
投资金额_
230万元

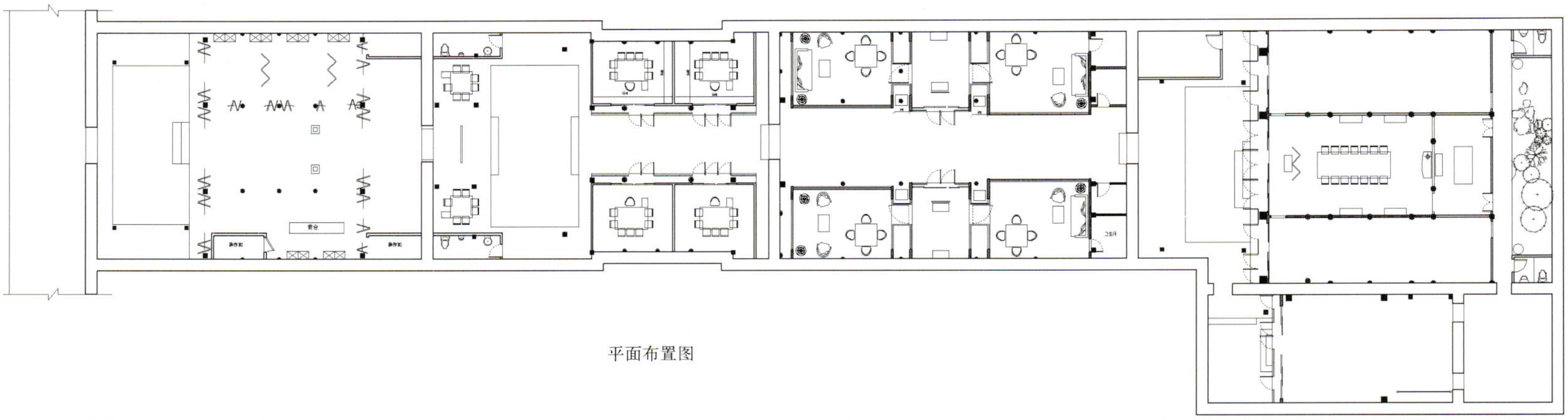

平面布置图

主案设计：
尉建 Yu Jian
博客：
http:// 991738.china-designer.com
公司：
逸伦联创国际
职位：
董事长、设计总监

奖项：
2011年设计作品"景行居"、"赛峰云苑"、"一品轩" IFI 绿色设计"自然风"亚太精英邀请赛大奖
2010年被评为中国室内设计百强人物
2011年被评为中国设计十大新锐人物

项目：
杭州景行居
杭州赛峰云苑

闻涛居
Wentaoju

A 项目定位 Design Proposition
闻涛居座落于山间密林之中，相伴松林优美的景色，自然环境得天独厚。改造前，这里曾是闲置多年的库房，空间封闭简陋，而自然的环境为项目提供了质朴而优美的背景，也带来了灵感。

B 环境风格 Creativity & Aesthetics
设计追求山、水、人的融合，营造"松下闻涛语"意境，以自然的新东方主义风格诠释空间。

C 空间布局 Space Planning
闻涛居空间规划明确清晰，以半开敞的围廊作为交通主线，串联会客室，会议厅，红酒室，棋牌室，餐饮包厢，以及豪华套房等功能区块。

D 设计选材 Materials & Cost Effectiveness
闻涛居独特的家具与陈设品为空间增加了浓重的一笔。船木家具斑驳自然的肌理诉说着经历的过往，从古村落收来的精美石雕以及加工的刻字石板给人古典与现代交融之美，定制的木梁悬挂于6米多长的船木会议桌之上，气场彰显无疑。

E 使用效果 Fidelity to Client
省市领导给予了高度的评价和肯定。

Project Name_
Wentaoju
Chief Designer_
Yu Jian
Location_
Huzhou Zhejiang
Project Area_
1,200sqm
Cost_
3,000,000RMB

项目名称_
闻涛居
主案设计_
尉建
项目地点_
浙江 湖州
项目面积_
1200平方米
投资金额_
300万元

办公桌
餐桌
工人房
蹲坑
洗手台
蹲坑
坐便器
餐桌
洗手台
洗手台
沙发
茶几
端景
茶几
会议桌
棋牌桌
坐便器
洗手台
坐便器
沙发
电视柜
沙发
窗帘
平面布置图

主案设计：
刘昊威 Liu Haowei
博客：
http:// 1008732.china-designer.com
公司：
CAA希岸联合建筑设计事务所
职位：
创始人、首席建筑师

奖项：

2011年，IAI AWARDS亚太室内设计双年精英大赛“中国最佳新锐设计师”
2011年，IAI AWARDS亚太室内设计双年精英大赛“双年精英大赛优秀奖”
2009年，金外滩奖“最佳商业空间奖”
2009年，金外滩奖“最佳色彩运用奖”
2008年，亚太室内设计双年大奖赛优秀奖

项目：

京沪高铁车厢整体室内空间设计
东田造型全系列品牌空间
汉能控股集团室内空间
嫣然天使儿童医院
中环广场艺术中心外立面及室内空间设计
姚晨、许晴、陈坤、李东田、林丹等众多明星名流私宅

无锡时尚造型
Wuxi Fashion Studio

A 项目定位 Design Proposition

此项目充分延展了中国江南人文的城市意境，又将西方“新古典”的设计语言融入其中，阐释了一种低调奢华的情怀，是对东方或是西方的“经典”空间的追忆，追求人性怀旧情结普遍性的表达。这是对顶尖的发型工作室空间设计的探索。

B 环境风格 Creativity & Aesthetics

从空间规划到设计细节，都在表达对法式“新古典”主义经典在当代演绎的设计诉求，但又不仅是表面形式及细节的仿古，而是由空间布局到结构比例上都做了运用现代设计思维的“衍变”。

C 空间布局 Space Planning

在空间规划上营造出宫廷仪式感的正交式布局，追求且尊重对称、正交的仪式感，平面布局的中轴线两边都是完全的对称重合。借用地基原结构柱，在空间的中轴线上设计出复制的“拱门”，依靠“门”的特性，把接待区到发型区，再到VIP等主体空间，依照空间轴对称的严格规划依次排列并贯穿一体，从开放空间到私密空间属性，层层递进，其它附属空间也遵照这一逻辑关系向两边对称排列。

D 设计选材 Materials & Cost Effectiveness

并不像所谓的高端消费场所采用复杂、华丽的材质，整个项目选材不超过四种。主要材质恰恰是最常用的白色混油和橡木实木搓色两种木作方式“混搭”在一起，却营造出一种创新式的“新古典”经典视觉体验。

E 使用效果 Fidelity to Client

此项目以再造经典和创新时尚的设计概念，成为中国乃至国际时尚产业的一个经典样板。投入运营后不仅门庭若市，更受到专业人士、全球顶级时尚品牌、时尚界大师级人物的赞誉。

Project Name_
Wuxi Fashion Studio
Chief Designer_
Liu Haowei
Participate Designer_
Song Chen, Jin Jingchao, Zhang Fanwei, Qu Jing
Location_
Wuxi Jiangsu
Project Area_
400sqm
Cost_
2,000,000RMB

项目名称_
无锡时尚造型
主案设计_
刘昊威
参与设计师_
宋晨、金竟超、张凡伟、曲靖
项目地点_
江苏 无锡
项目面积_
400平方米
投资金额_
200万元

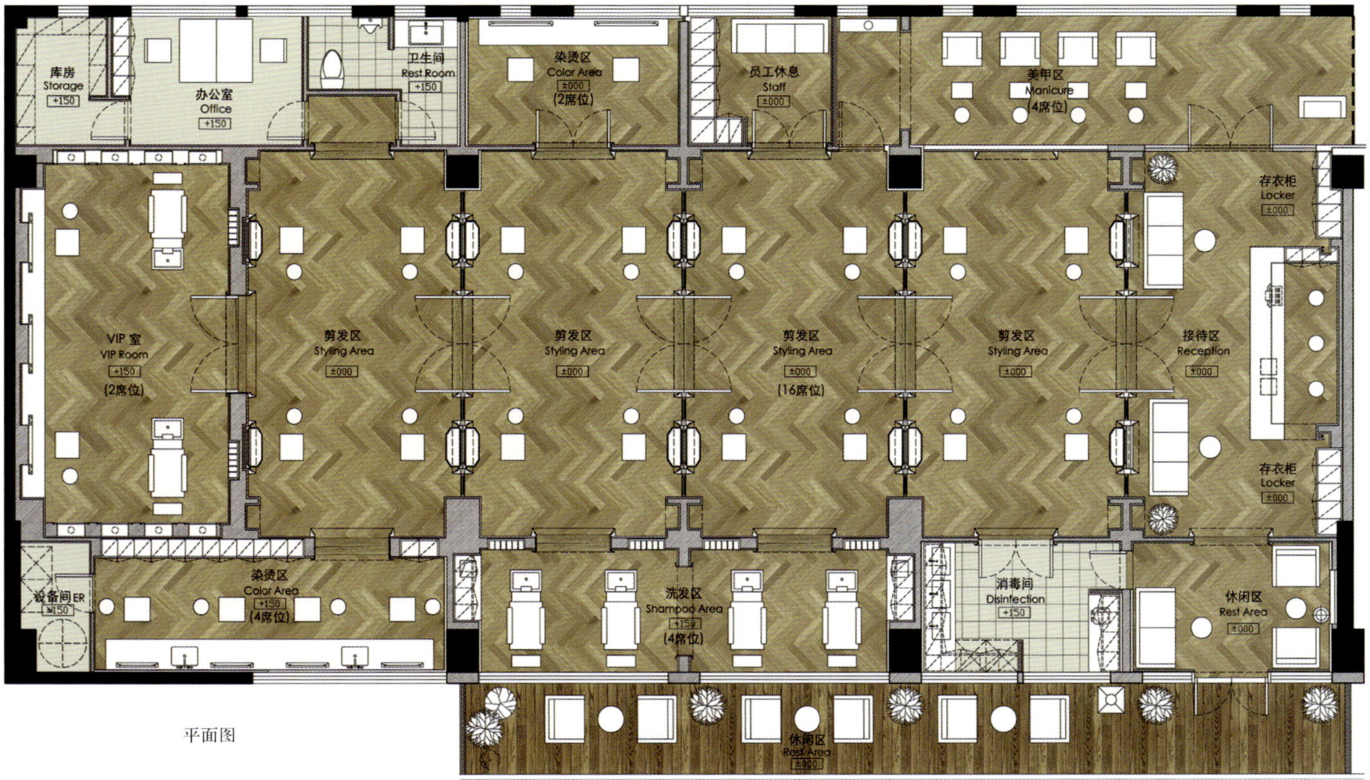

平面图

SEBASTIAN
SEBAS
SEBASTIAN

SEBASTIAN

SEBASTIAN
SEBAS

主案设计：
韩松 Han Song
博客：
http:// 1010978.china-designer.com
公司：
深圳市昊泽空间设计有限公司
职位：
总经理兼设计总监

奖项：
万科中山朗润园别墅售楼处荣获2010年度国际空间设计大奖艾特奖入围奖
万科中山朗润园别墅样板房荣获2010年度国际空间设计大奖艾特奖最佳住宅空间设计提名奖
苏州太湖天成别墅样板房—水殿风来荣获2011年度国际空间设计大奖艾特奖最佳住宅空间设计提名奖

项目：
万科中山朗润园别墅售楼处
苏州太湖天成别墅样板房—水殿风来
万科棠樾6A别墅样板房
万科棠樾联排别墅上汤样板房
桂林花样年售楼处
惠州花样年大亚湾花郡售楼处
蓝光嘉兴名仕公馆售楼处
万科中山朗润园别墅样板房
禅意东方
福州万科金域榕郡别墅样板房
万科棠樾会所

万科棠樾渡假酒店式会所

Shenzhen Vanke Tangyue club

A 项目定位 Design Proposition

万科棠樾项目位于东莞塘厦镇，北临仙女湖，西接观澜湖高尔夫球场，项目以“营造一种东方式奢华为主的低密度现代东方的渡假休闲居住氛围”为设计核心。作为深圳的渡假休闲后花园，资源位置优越，项目销售任务完成即转入酒店经营，作为渡假酒店式会所，各功能区，散点布置，以小尺度，曲经通幽的方式体现出一种东方式的世外桃源的气质。

B 环境风格 Creativity & Aesthetics

整体的建筑室内外空间与园林景观采用散点式的星罗棋布的典型中式园林布局，小桥流水，移步换景。所有的功能区域都强调一种室外园林自然中的穿过感。室内空间强调开放性，把人的体验感往外引，室内最重要的装饰就是和空间嵌在一起的园林景观。

C 空间布局 Space Planning

注重室内空间与外部园林景观的互动与对话，做到移步换景，处处有天地，将有限的建筑园林景观资源做到最大化；强化室内空间的通透感和可拓展性，通过轴线关系来强化视觉均衡美和丰富的空间层次感。

D 设计选材 Materials & Cost Effectiveness

设计选材的创新点：①所有石材均采用普通非名贵石材，但在其表面均要做多层复杂工艺处理，如磨乌面，酸洗面，机刨面，或几种工艺混合处理面，使石材呈现出完全不同的外观和质感，给人全新的视觉审美体验，同时满足造价要求；②木饰面全部采用仿实木工艺，不使用封边线，封边收口全部巾木皮，既满足实木质感的设计需求，又符合造价要求；③墙纸类材料的选用纯天然亚麻真实质地，给人返璞归真的感觉。

E 使用效果 Fidelity to Client

作品投入运营后，获得一致好评，有力助推了整个楼盘的销售，获得甲方认可；荣获2011年度国际空间设计大奖“艾特奖”最佳会所设计入围奖；在《尚流会所II》、《NEW TOP CLUB—TOP会所》等刊物书籍发表。

Project Name_
Shenzhen Vanke Tangyue club
Chief Designer_
Han Song
Location_
Dongguan Guangdong
Project Area_
3,000sqm
Cost_
30,000,000RMB

项目名称_
万科棠樾渡假酒店式会所
主案设计_
韩松
项目地点_
广东 东莞
项目面积_
3000平方米
投资金额_
3000万元

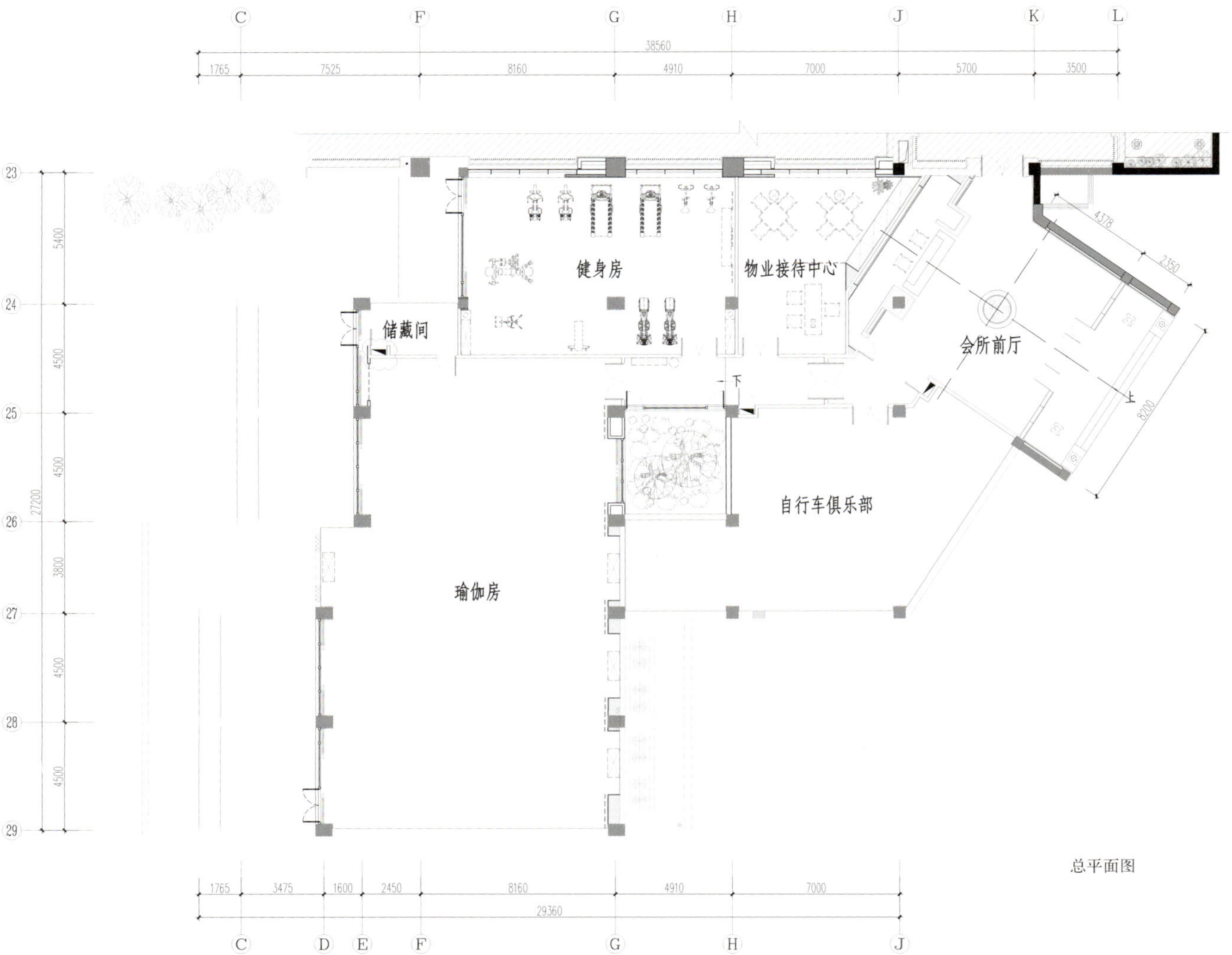

总平面图

主案设计：
袁晓云 Yuan Xiaoyun
博客：
http:// 1014907.china-designer.com
公司：
J&A美峰室内设计公司
职位：
酒店设计部总监

奖项：
第三届中国国际设计艺术观摩展年度设计艺术推动奖
广东省"岭南杯"十大杰出设计师荣誉称号
设计作品湖南长沙湘麓山庄，荣获亚太区室内设计大奖酒店组别荣誉奖
设计作品内蒙古元和建国大酒店，荣获第三届广东环境艺术设计赛创意类优秀奖

项目：
喀什丽笙酒店
重庆凯宾斯基酒店
天津圣瑞吉酒店
宁波威期汀酒店

深圳港中旅聚豪高尔夫球会会所
CTS Tycoon Golf Club

A 项目定位 Design Proposition
在生活节奏如此快速的城市生活中，我们希望能让人们回归传统，亲近自然，使人们在这里也能体验到纯正的苏格兰高地风格建筑及深厚的高尔夫文化。

B 环境风格 Creativity & Aesthetics
室内我们使用典型的拱形造型，裸露的实木横梁，粗犷的毛石和格子布艺让我们仿佛置身与苏格兰乡村田园，远离城市喧哗，回归自然。空间处理手法传统而简练，注重主次，重点处使用彩釉玻璃，精致的铁艺雕花，体现贵族气息。再使用暖暖的壁炉，闪烁的吊灯，精致柔软的家具烘托氛围。

C 空间布局 Space Planning
建筑上，本身就是传统的苏格兰式风格，其外观及内部格局讲究对称关系。我们也尊重原建筑结构及其文化，结合现代的功能需求且在空间布局上讲求中轴对称关系。例如全日餐厅设计巧妙地将中间餐台区四根立柱衍变为亭子，突出中心，注重对称感的同时使空间更具趣味性。

D 设计选材 Materials & Cost Effectiveness
我们在这个项目上使用了一些在常规的现代的室内装饰上不常使用，传统且经典的材料，突出他们文化特性。例如粗狂的文化石，开放纹理的实木，通过材质的纹理多样性增加层次感，体现休闲自然气息。墙面上大量使用肌理涂料，环保性强效果出众，也节省造价，与我们的想法不谋而合，最终的效果也令人满意。

E 使用效果 Fidelity to Client
业主非常满意。运营后，回馈意见也非常良好，功能布局合理，使用方便。同时也给客人非常震撼的感官感受，同时又在这温馨的环境中，感受宾至如归的服务。

Project Name_
CTS Tycoon Golf Club
Chief Designer_
Yuan Xiaoyun
Participate Designer_
Huang Rijin
Location_
Shenzheng Guangdong
Project Area_
14,000sqm
Cost_
60,000,000RMB

项目名称_
深圳港中旅聚豪高尔夫球会会所
主案设计_
袁晓云
参与设计师_
黄日金
项目地点_
广东 深圳
项目面积_
14000平方米
投资金额_
6000万元

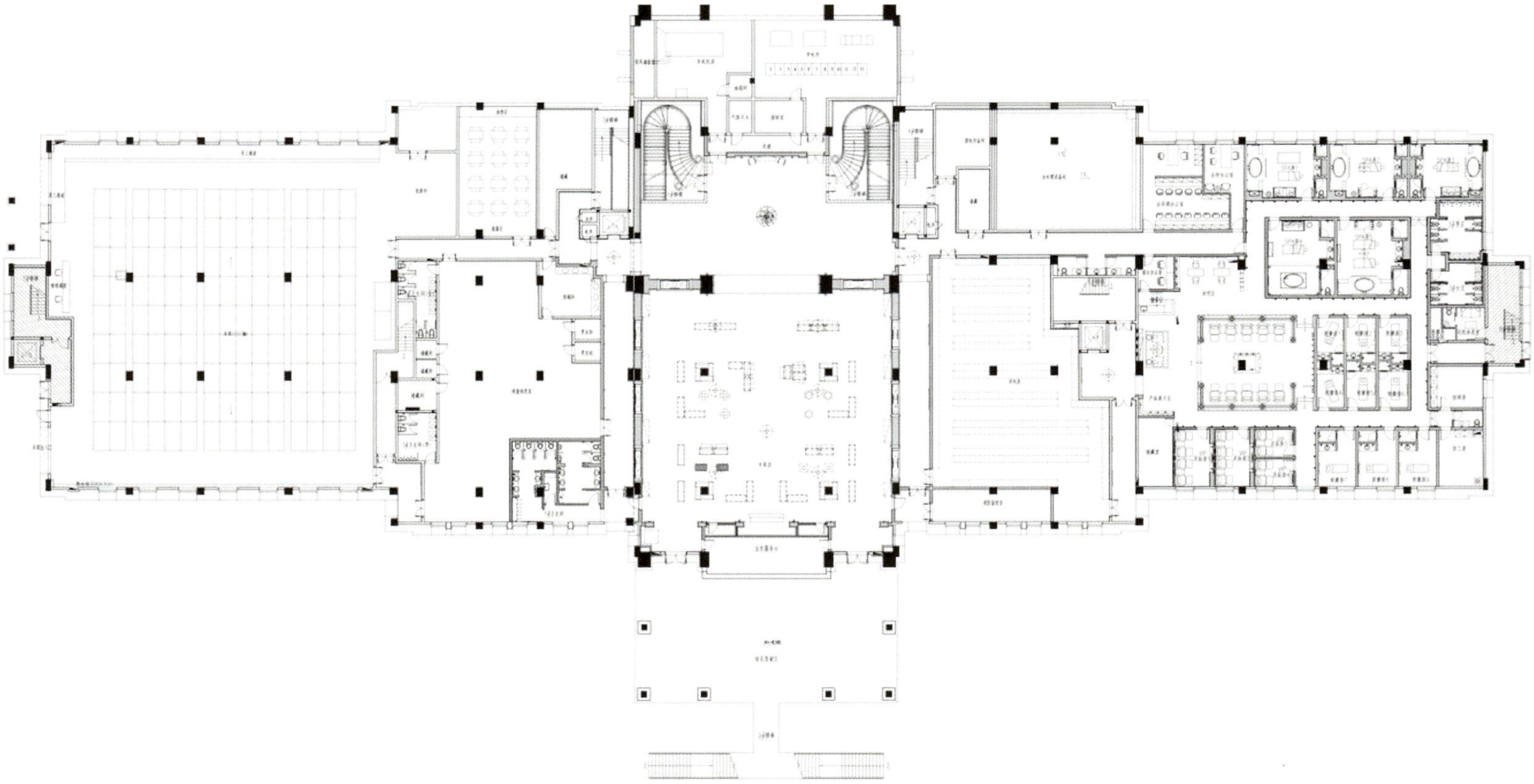

一层总平面图

GAME OF FATE

主案设计：
王莹辉 Wang Yinhui
博客：
http:// 1014969.china-designer.com
公司：
蘑菇云建筑设计咨询（上海）有限公司
职位：
室内设计合伙人

项目：
杭州天鸿美和院艺术会所

杭州天鸿美和院艺术会所
Hangzhou Tianhong Meihe art club

A 项目定位 Design Proposition
这个空间是一个艺术推广的平台。在这里已经举办了近10场艺术与生活的活动，目的是要将艺术还原到生活，还原到人，发生互动。

B 环境风格 Creativity & Aesthetics
这个项目具有其独特的基因特征，来源于富春山，来源于大之江。这片土地上浓浓的“黄公望情节”，跟艺术更是有着千丝万缕的关系。 在设计“艺术塔”时，我们就和艺术家讨论，设计的源头不能离开这里的山和水，让他能直接贯穿多层空间并延展连接到室外真实的山水中去。

C 空间布局 Space Planning
提出了“艺术塔”的概念，这个“塔”位于建筑的中心区也是交通的核心，贯穿了会所各个功能区域。我们设想让艺术家参与到“艺术塔”设计中来，做一些空间的装置或构造，从而实现当代艺术和设计的跨界与融合。

D 设计选材 Materials & Cost Effectiveness
一层大客厅的主墙是柴火和火炉，为了表达一种山居的生活状态，三层雪茄吧的主墙则是用真实的烟叶做成，用气味给这个空间进行了定义。此外围绕这个“艺术塔“的公共空间也是很重要的，是精神与功能连接空间，证大艺术精选了几十件当代的绘画和陶艺作品陈列当中，让艺术品和人有了近距离的交流。

E 使用效果 Fidelity to Client
这个项目是我们对艺术与设计结合的一次尝试，在设计师和艺术家的合作中的确激发了新的能量，突破了传统设计的一些局限，是一次愉快且富有创造力的合作，希望这样的跨界合作有助于其他新项目的发展。以为观鉴。

Project Name_
Hangzhou Tianhong Meihe art club
Chief Designer_
Wang Yinhui
Participate Designer_
Xu Xunjun, Yang Yuqing, Zhao Qiong, Han Xiaoyu, Wu Xiaohui, Xu Zhen, Zheng Jiachi
Location_
Hangzhou Zhejiang
Project Area_
620sqm
Cost_
5,000,000RMB

项目名称_
杭州天鸿美和院艺术会所
主案设计_
王莹辉
参与设计师_
徐迅君、杨育青、赵琼、韩晓煜、吴晓晖、徐贞、郑佳驰
项目地点_
浙江 杭州
项目面积_
620平方米
投资金额_
500万元

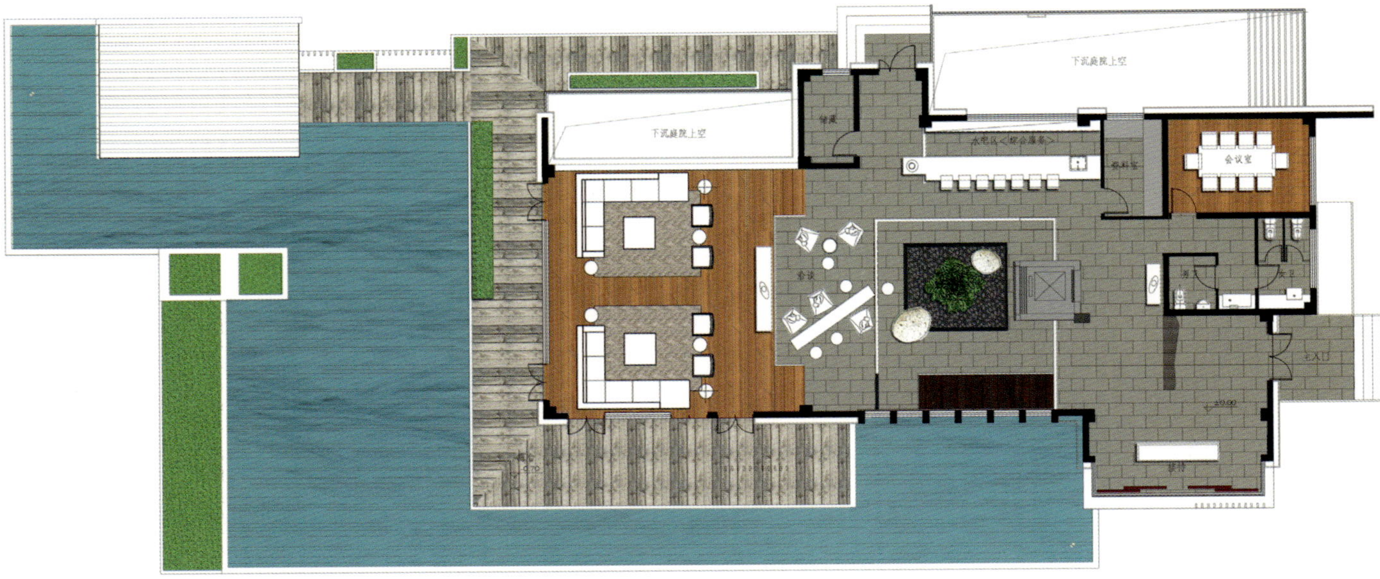

一层平面图

二层平面图

三层平面图

主案设计：
倪治 Ni Zhi
博客：
http:// 1015022.china-designer.com
公司：
博洛尼旗舰装饰装修工程(北京)有限公司
职位：
设计师

奖项：

"演绎浪漫舞曲"获2007威能杯中国住宅室内设计明星大赛暨设计师博客大赛北京赛区专业组十强

作品"禅韵"获2008 "中国设计（家居）30人"荣誉

"变奏曲·第二乐章——中安翡翠湖案列"获2009奥特朗杯中国室内设计明星大赛北京赛区金奖

"京城年度十大明星设计师"

项目：

龙湖滟澜山
中海瓦尔登湖
丽京别墅
燕西台别墅

触动造型
Touch Hair

A 项目定位 Design Proposition
对美发空间定义的品质提升， 对美发空间品牌的价值提升。

B 环境风格 Creativity & Aesthetics
折中新古典主义的现代演绎。

C 空间布局 Space Planning
圆形立柱提供强有力的支撑，挑高的空间结合顶部镜面拉伸效果。

D 设计选材 Materials & Cost Effectiveness
方形图案在墙面和地面的正斜交叠，带出剪刀的律动。

E 使用效果 Fidelity to Client
作品完成交付后，老板非常满意，试营业阶段顾客店长以及店员非常满意。

Project Name_
touch hair
Chief Designer_
Ni Zhi
Location_
Chaoyang Beijing
Project Area_
110sqm
Cost_
450,000RMB

项目名称_
触动造型
主案设计_
倪治
项目地点_
北京 朝阳区
项目面积_
110平方米
投资金额_
45万元

SEAH

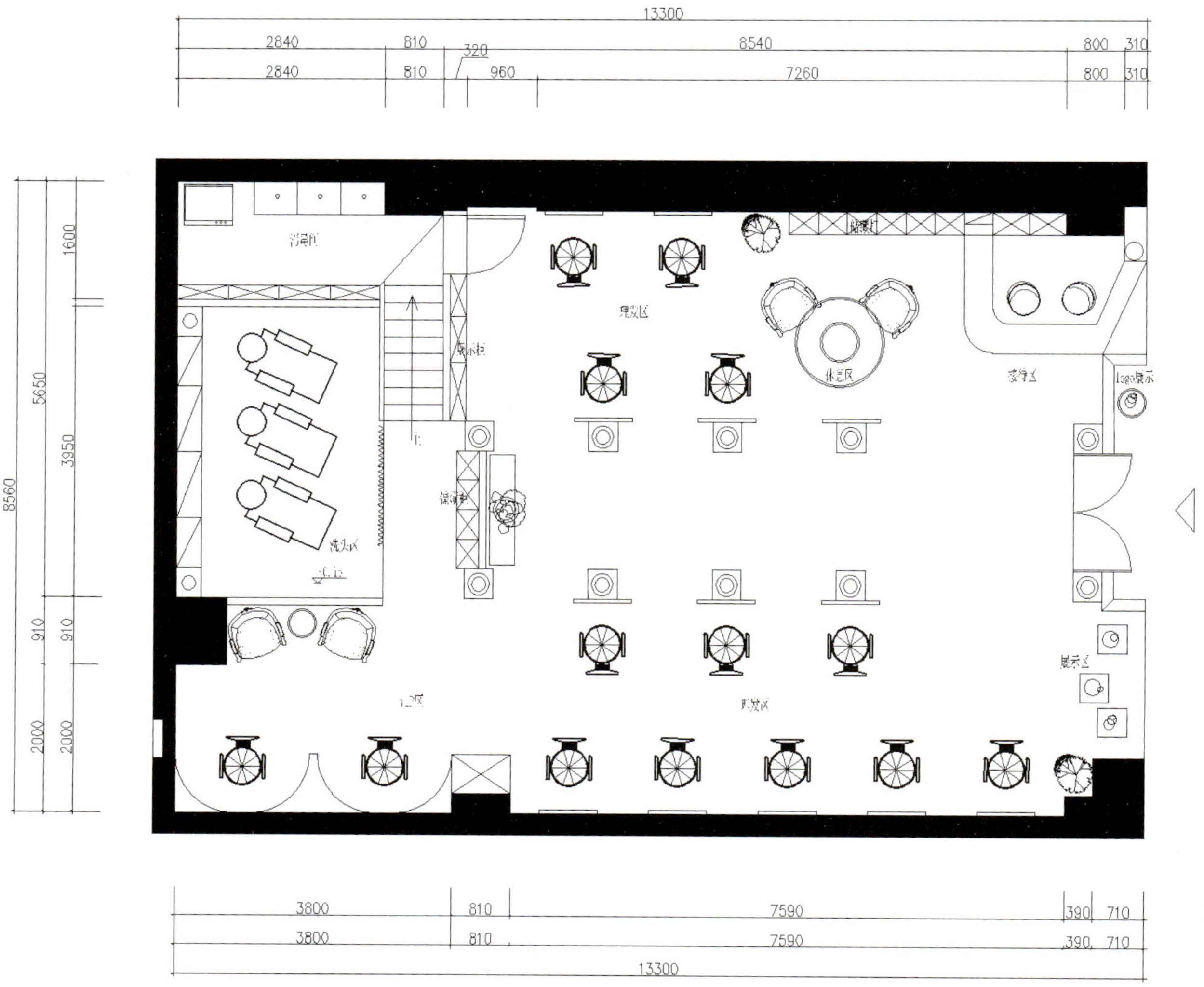
13300
2840
810
8540
800
310
320
960
7260
1600
5650
3950
8560
910
2000
2150
1200
3170
8260
370
2160
2940
510
270
理发区
休息区
3800
7590
390
710

平面布置图

NYC

主案设计：
杨鹏霆 Yang Pengting
博客：
http:// 1015090.china-designer.com
公司：
湖南自在天装饰设计工程有限公司
职位：
首席设计师

奖项：
2011年“新中源杯”亚洲室内设计大赛中国区优胜奖
2006年全国室内设计大赛餐饮休闲工程佳作奖

项目：
长沙申奥美域住宅设计
长沙同升湖别墅设计
维斯浪美容机构设计

莲界
World of Lotus

A 项目定位 Design Proposition

莲花——清白，出淤泥而不染，濯清涟而不妖，中通外直，不蔓不枝，亭亭净植，可远观而不可亵玩焉。象征女性的纯洁与美好。

B 环境风格 Creativity & Aesthetics

莲花是佛教文化中的重要元素，佛教将莲花的自然属性与佛教的教义、规则、戒律相类比、美化，逐渐形成了对莲花的完美崇拜。

C 空间布局 Space Planning

本案为女性SPA瑜伽会所，以莲花为主题，正是强调了以女性作为服务对象的主旨，而SPA和瑜伽又是当代都市人摆脱喧嚣、浮躁的生活，寻求身心放松和休息的场所。

D 设计选材 Materials & Cost Effectiveness

莲界喻意着脱离世俗的污浊，获得灵魂净化的空间。将女性塑造得如出泥的莲花一般美丽。英文的LOTUS既隐喻了莲的主题又体现了时尚的味道，拉近了与受众的距离。

E 使用效果 Fidelity to Client

莲界，佛国的向征，愿每一位留连其间的人，灵魂都可以获得升华，绽放自己的生命，一如开放在红尘的朵朵莲花。

Project Name_
world of lotus
Chief Designer_
Yang Pengting
Location_
Changsha Hunan
Project Area_
400sqm
Cost_
900,000RMB

项目名称_
莲界
主案设计_
杨鹏霆
项目地点_
湖南 长沙
项目面积_
400平方米
投资金额_
90万元

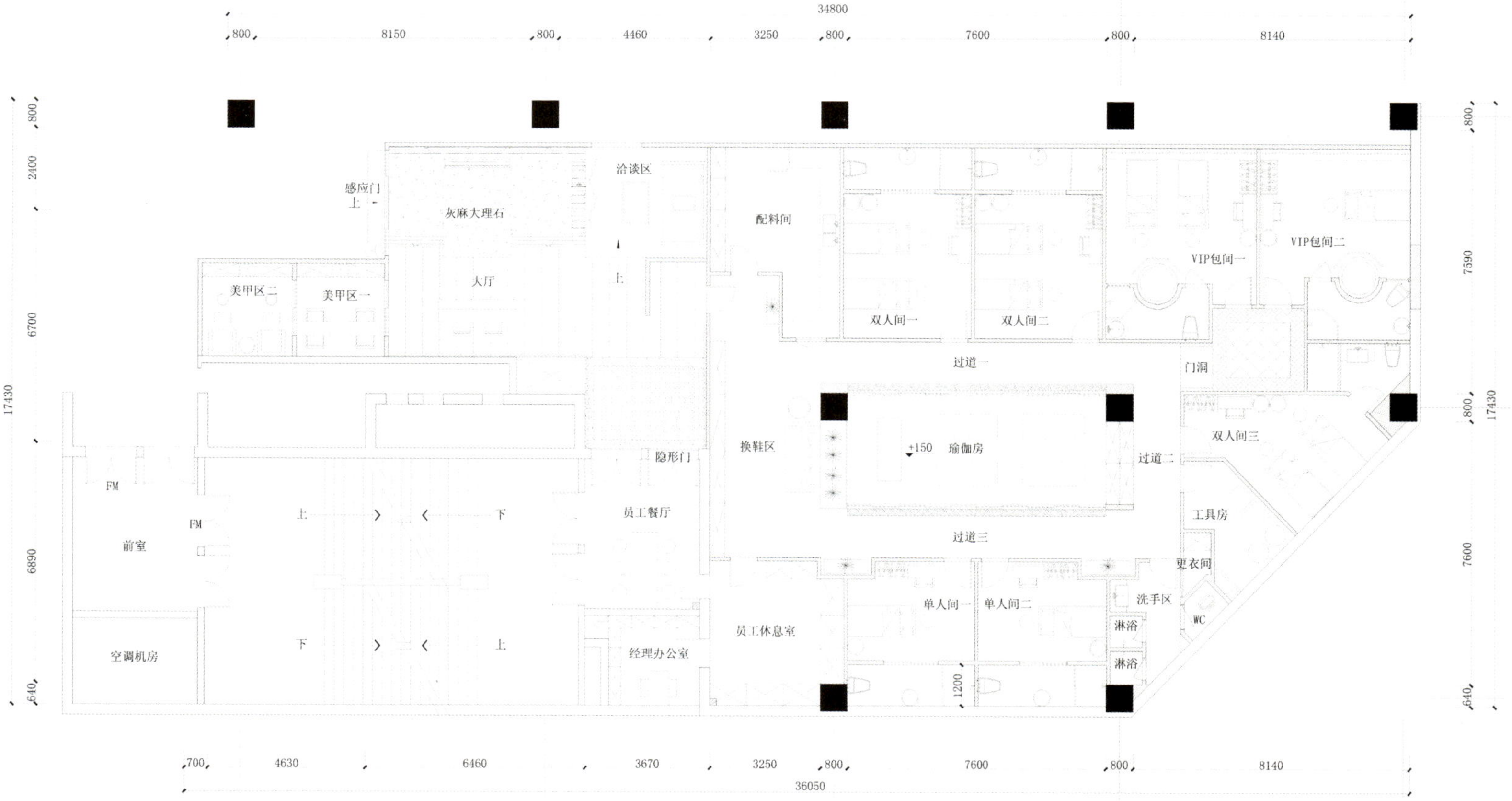

平面布置图

美度·LOTUS会所
—SPA—YOGA—NAIL—

主案设计：
康博然 Kang Boran
博客： http:// 1015129.china-designer.com
公司： 麦一空间设计
职位： 首席设计师
职称：
IFDA国际室内装饰设计协会注册高级室内设计师
国家高级注册室内设计师
奖项：
2010年全国首批优秀人才模范勋章和设计行业研究员证书
2011年获得搜狐得意杯第八届室内设计明星大赛总冠军、西南赛区第一名
2011年获得第二届中国国际空间环境艺术设计大赛铜奖
2011年获得中联阿姆瑞特杯陕西原创大赛优秀奖
2011年获得第二届中国原点国际家居文化节优秀奖
项目：
美国林肯4S店
黄陵矿业宾馆
第二炮兵工程学院教学楼
海悦酒店
黄陵地税局
西安重庆齿轮箱有限公司
陕西鸿安爆破有限公司
辣椒宝贝时尚火锅店

山水禅居禅修中心
Shangshui Zen Meditation Center

A 项目定位 Design Proposition
本案结合业主个性需求，依照佛法禅修精神，依仗周边秦岭山脉，古镇温泉的优越自然资源，远离西安闹市，打造出日式唐韵风格的修心宁神之所。

B 环境风格 Creativity & Aesthetics
无论是从会所内部匠心独具的设计，还是从外部地利人和之环境的选取，都体现出禅院清心渡人的特点。

C 空间布局 Space Planning
本案功能性强，一层功能大厅以讲学为主，亦可做会客厅使用。此外，该会所还另设VIP厅，学生可在内品茶论道，禅定冥想。顶面设计，独具匠心。平顶的设计采取九宫格模式，其点画疏密，各有停分，界面匀布，别具一格。本设计力求顶面绝不相类，纹路紧密配对，空间与设计相呼应，有古之明堂九宫之感。二层斜顶的处理巧妙。位于一层仰视时，二层顶面犹如平顶，其米字状设计如同蛛网一般，错杂交互，然，拾阶而上，走近米字之时，竟发现二层本为斜顶，其穹顶高达5米之多，使人眼前一亮，豁然开朗。

D 设计选材 Materials & Cost Effectiveness
外部设观景台青砖铺地，神龟伏面，竹影婆娑。半侧墙面嵌入斧劈石，多层跌水，直入池中，循环往复。

E 使用效果 Fidelity to Client
于现代纷纷扰扰尘世中提供一个幽然静谧的宁心修身的去处。

Project Name_
Shangshui Zen Meditation Center
Chief Designer_
Kang Boran
Location_
Xi'an Shanxi
Project Area_
260sqm
Cost_
1,100,000RMB

项目名称_
山水禅居禅修中心
主案设计_
康博然
项目地点_
陕西 西安
项目面积_
260平方米
投资金额_
110万元

山水禅

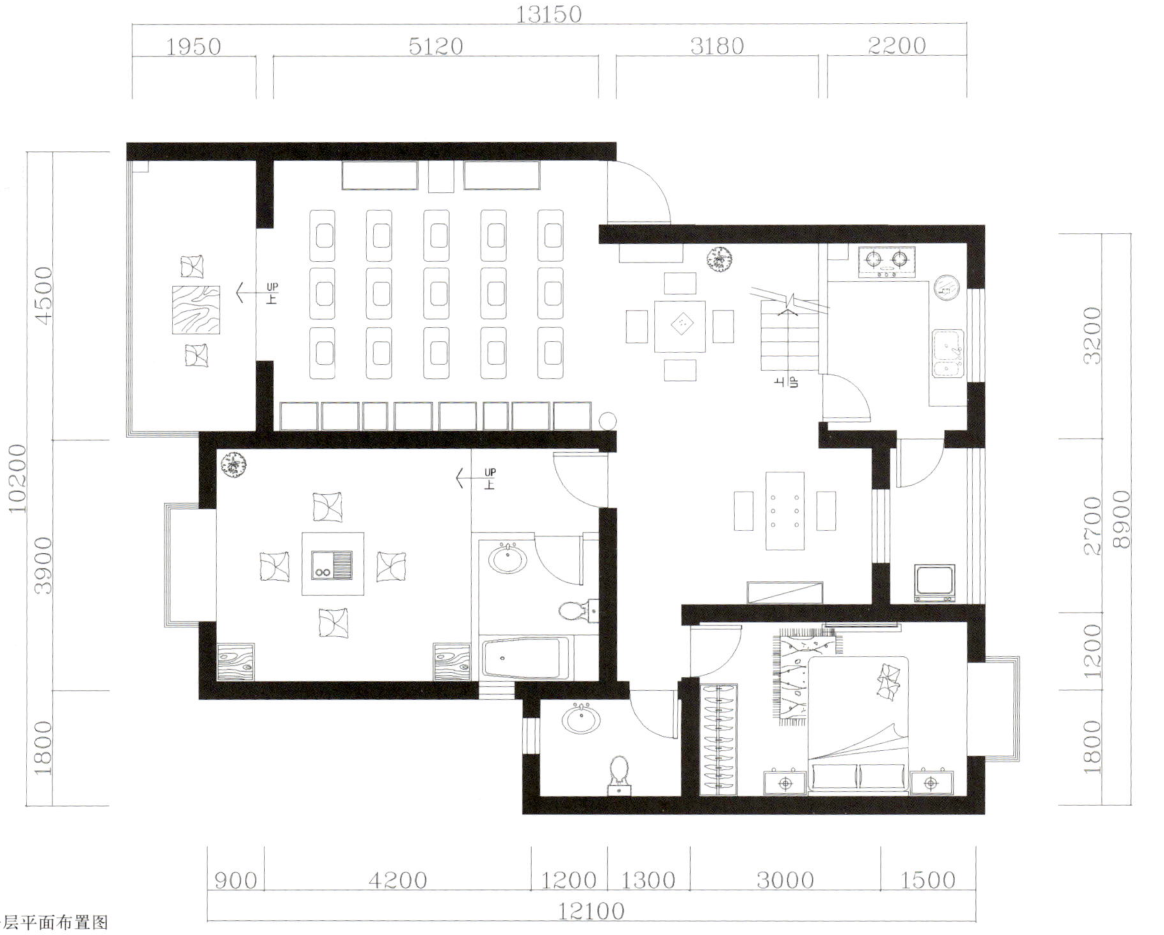
13150
1950
5120
3180
2200
4500
10200
3900
1800
3200
2700
8900
1200
1800
UP
上
900
4200
1200
1300
3000
1500
12100

一层平面布置图

主案设计：
刘逸飞 Liu Yifei
博客：
http:// 1015232.china-designer.com
公司：
重庆逸飞装饰设计工程有限公司
职位：
CEO、设计总监

奖项：
首届重庆室内设计风云榜 年度新悦设计师

项目：
艺源公司得意——红星美凯龙卖场
得意装饰城改造工程
宁波东海集团办公楼
南京证券公司重庆分公司
2005食博会宁波馆
怡然酒店整体设计
瑞典海丝腾（床品）专卖店设计
香港MONAMOONA首饰装卖店
金牛惠通广告有限公司办公楼设计
法国J&NINA品牌服饰专卖店装修工
LEADING DESIGN香港国际设计事务
蓝湖郡D2-8别墅整体设计·施工
玉祥68号车会所
中国石油江北区府大厦

玉祥名车会所
Yuxiang Car Club

A 项目定位 Design Proposition
在车及美容行业中起到引导作用。

B 环境风格 Creativity & Aesthetics
清爽型，识别性强。

C 空间布局 Space Planning
会所服务型。

D 设计选材 Materials & Cost Effectiveness
材质环保型，轻盈化。

E 使用效果 Fidelity to Client
在当地属首个高端豪车会所，顾客反映，效果与传统的视觉及模式有大的突破。

Project Name_
Yuxiang car club
Chief Designer_
Liu Yifei
Location_
Yubei Chongqing
Project Area_
1,700sqm
Cost_
3,580,000RMB

项目名称_
玉祥名车会所
主案设计_
刘逸飞
项目地点_
重庆 渝北区
项目面积_
1700平方米
投资金额_
358万元

平面布置图

主案设计：
邱爱成 Qiu Aicheng
博客：
http:// 1015320.china-designer.com
公司：
北京丽贝亚建筑装饰工程有限公司
职位：
团队设计总监

奖项：
第七届国际室内双年展金奖北京西海某私人会所

项目：
中国石油局四川分局
吉林长春法官学院
鹰牌陶瓷长春专卖店
中国一汽上海店办公楼
北京东方大学城立面
吉林省烟草公司办公楼
北京广州大厦
北京中国文联大厦
西单中国银行12层改造
河北阜平县抗日纪念馆

西安榴花溪堂四合院
Pomegranate creek hall Courtyard

A 项目定位 Design Proposition

仁者乐山，智者乐水，这几乎是所有中国人都耳熟能详的一句话。

B 环境风格 Creativity & Aesthetics

孔子当时的原话是这样说的：“智者乐水，仁者乐山。智者动，仁者静。智者乐，仁者寿。”其意思是说，仁爱之人像山一样平静，一样稳定，不为外在的事物所动摇。

C 空间布局 Space Planning

在儒家看来， 自然万物应该和谐共处。作为自然的产物，人和自然是一体的。古的时代古的风尚，对于大自然的敬畏和崇敬激荡于古人的胸中，与大自然对话，与大自然相谐，以大自然作比。

D 设计选材 Materials & Cost Effectiveness

实现天时地利人和、天人合一，是一种超脱的时尚，是一个洁身自好的境界，甚至是修身治国平天下的追求。

E 使用效果 Fidelity to Client

效果非常好！

Project Name_
Pomegranate creek hall Courtyard
Chief Designer_
Qiu Aicheng
Participate Designer_
Qu Tao
Location_
Xi'an Shanxi
Project Area_
2,857sqm
Cost_
24,000,000RMB

项目名称_
西安榴花溪堂四合院
主案设计_
邱爱成
参与设计师_
曲涛
项目地点_
陕西 西安
项目面积_
2857平方米
投资金额_
2400万元

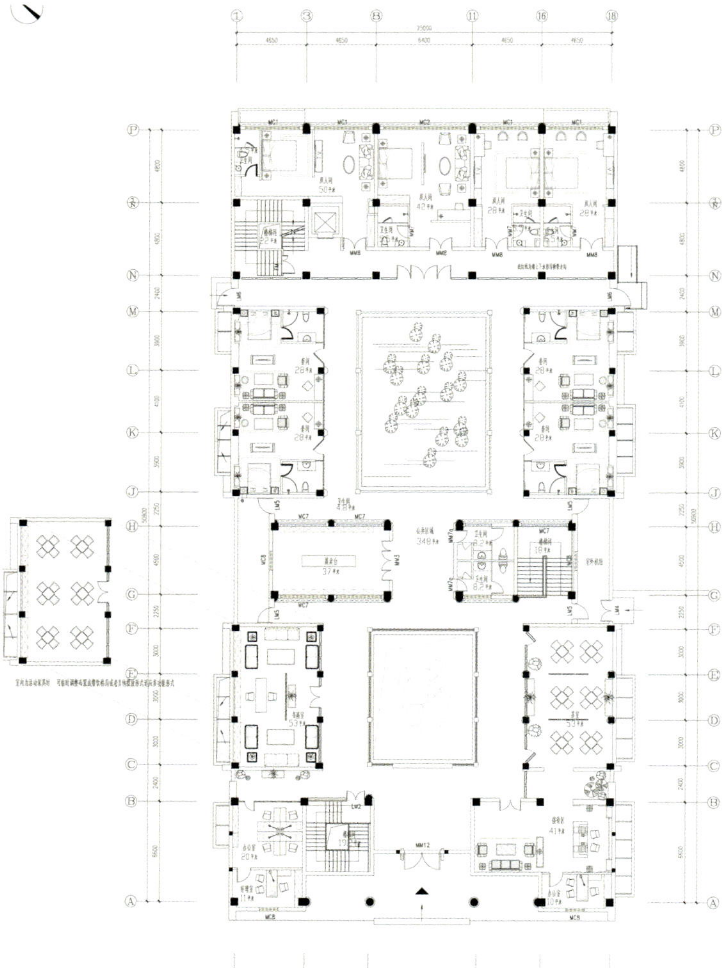

一层平面布置图

主案设计：
黄海华 Huang Aihua
博客：
http:// 1015404.china-designer.com
公司：
湖南自在天装饰设计工程有限公司
职位：
自在天国际商业设计中心总经理

奖项：
2008年中国国际室内设计双年展“金奖”
2008年海峡两岸四地室内设计大奖赛住宅方案类金奖
2009年“金外滩奖”最佳饰品搭配奖
2011年海峡两岸四地室内设计大奖赛办公类银奖

项目：
宝物珑酒窖
哈利波特与漂亮宝贝
旅美艺术大师李自建先生住宅设计

岁月私藏
Years of possession

A 项目定位 Design Proposition
会所是相聚朋友的地方。

B 环境风格 Creativity & Aesthetics
最值得珍藏的是岁月感，一起成长的记忆往往是这个人群高歌的内容。

C 空间布局 Space Planning
怀旧的和与时俱进的娱乐项目分庭抗礼，如最古老的乒乓球桌与最时尚的视听设备。

D 设计选材 Materials & Cost Effectiveness
粗粝的质感与细腻的装饰相互应和，如少时记忆中的红砖清水地与墙画皮质沙发的彼此搭配。

E 使用效果 Fidelity to Client
呼朋唤友，定期娱乐，见证对方的沧桑与成长。

Project Name_
Years of possession
Chief Designer_
Huang Haihua
Location_
Changsha Hunan
Project Area_
280sqm
Cost_
800,000RMB

项目名称_
岁月私藏
主案设计_
黄海华
项目地点_
湖南 长沙
项目面积_
280平方米
投资金额_
80万元

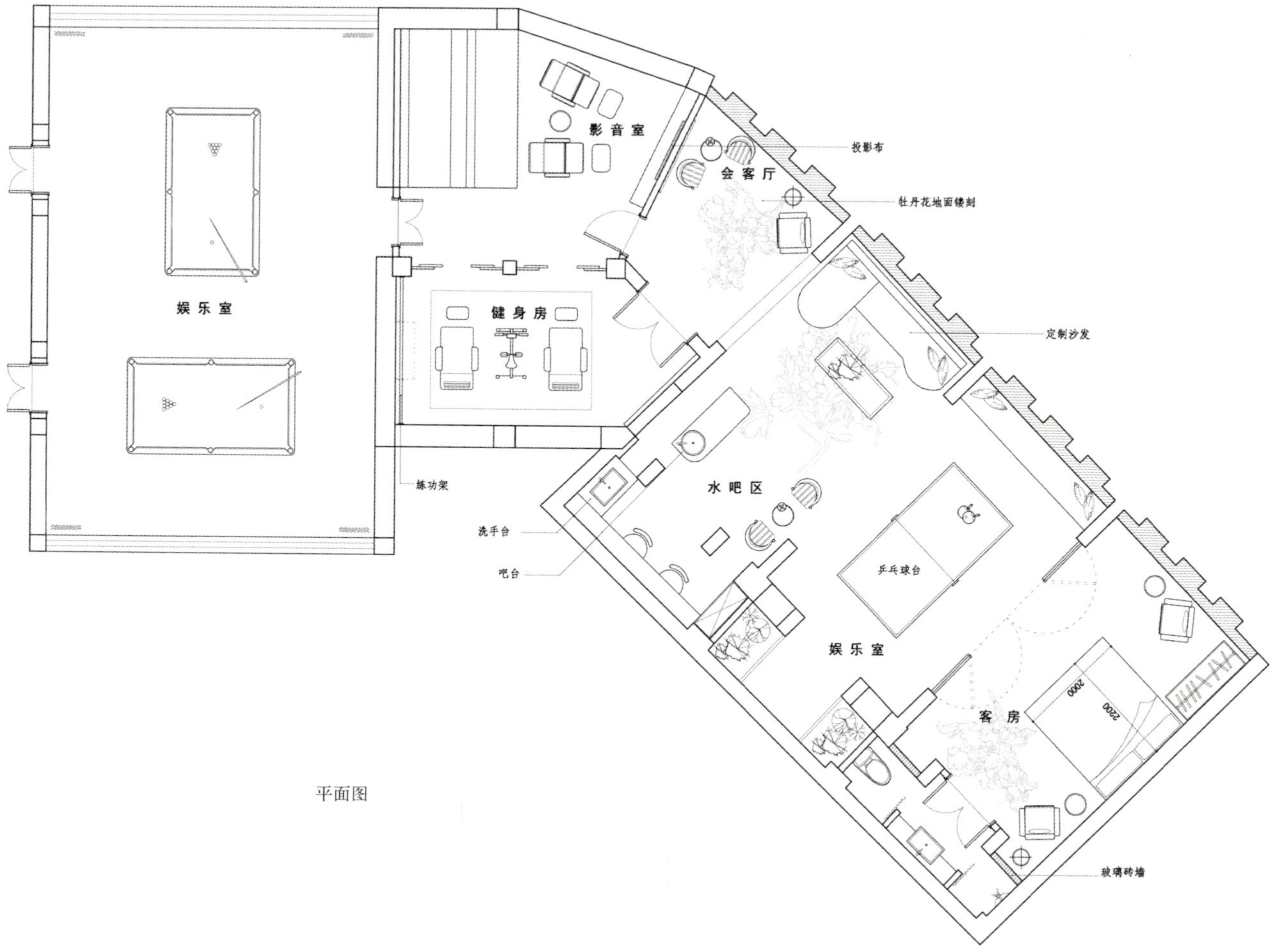

平面图

主案设计:
吴其华 Wu Qihua
博客:
http:// 1015577.china-designer.com
公司:
北京屋里门外设计有限公司
职位:
创意总监

奖项:

2008年获得亚太室内设计双年大奖赛——餐饮空间类佳作奖

2007年获得中国室内设计大奖赛——商业类佳作奖

2006年获得中国（深圳）国际品牌与设计大赛——建筑与室内设计金奖

2006年获得亚太室内设计双年大奖赛——样板房类佳作奖

项目:

北京亚太东方通信网络有限公司办公室
香山华新资产莱佛士办公室
CIBN 国广东方网络北京公司办公楼
曲美家具集团办公楼
国家超级计算深圳中心办公楼
中鸿建筑设计公司办公室
四季民福东四十条店
四季长安养生会所
提香溢茶楼
纳兰家宴酒楼
肴肴领鲜饮食会所

品奕造型
PinYi Beauty salon

A 项目定位 Design Proposition

品奕是一间包含美容与美发功能的综合店，地处繁华的居民区，以温婉高调的姿态，与周遭的各色美容美发店形成了鲜明的对比。

B 环境风格 Creativity & Aesthetics

追求天然感与令人全身心放松的环境，是本案设计的灵感所在，通过材料的运用，使开敞明快的美发区与情调温馨的美容区，都散发出自然的味道。美发区紧随时尚变化，时尚元素与低调气质相结合，美容区保留了原建筑高达5米的层高，通过新中式风格的渲染，打造出别有韵味的自然感。

C 空间布局 Space Planning

接待区大气的收银台及舒适的沙发等候区，连接了美容、美发两 个区域。舍弃了很大的面积用做公共区域，第一时间让人感受到一个舒适且放松的视觉体验，增强空间感而让人不感局促。美发区利用长条形镜面为工作台带来了灵 活的摆放方式，在起到修饰原有建筑不规则的空间缺点时，也减少了对工作位数量的限制。镜子在美发区还被以其他方式巧妙运用，在狭窄且不规则的区域，使用了通顶的整面镜子装饰，模糊了空间的真实尺度感，使局促的空间在视觉上得以改变。

D 设计选材 Materials & Cost Effectiveness

接待区部分使用了毛石的两种装饰效果，背景墙部分为天然石材马赛克经手工拼贴，接待台部分使用了天然开方的毛石；接待区及美容区使用的壁纸，选择了草编的原生态材质；美发区使用了实木地板作为整个墙面的装饰，一反常规的做法带来全新的视觉体验；空间的所有地面部分使用了相同的木纹石铺装，令每个不同功能属性的空间从视觉上贯穿起来。

E 使用效果 Fidelity to Client

大胆舍弃空间利用率，换来开阔大方的视觉效果，带来高品质的体验感，让客人更加感受到亲切与放松。

Project Name_
PinYi Beauty salon
Chief Designer_
Wu Qihua
Location_
Beijing
Project Area_
354sqm
Cost_
700,000RMB

项目名称_
品奕造型
主案设计_
吴其华
项目地点_
北京
项目面积_
354平方米
投资金额_
70万元

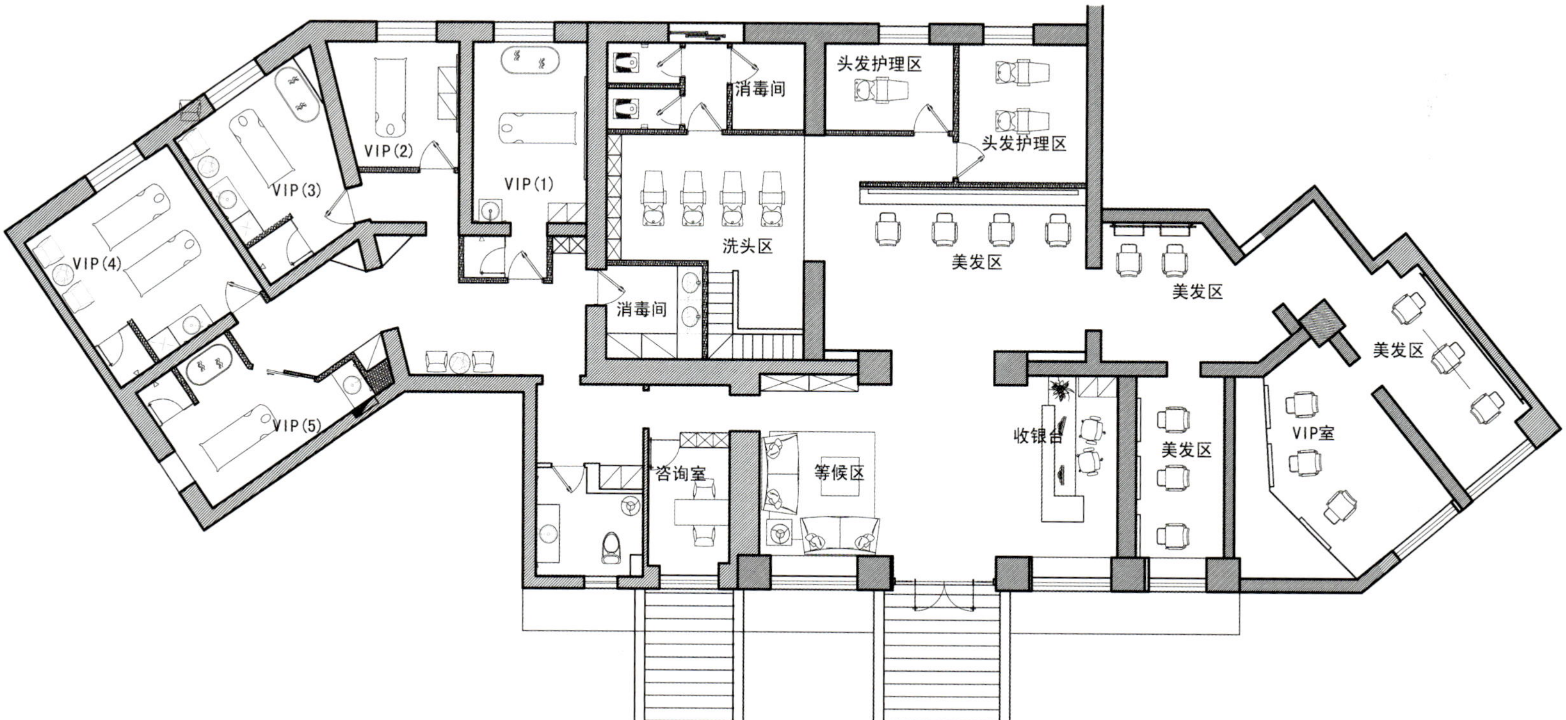

平面图

主案设计：
唐妮娜 Tang Nina
博客：
http:// 1015664.china-designer.com
公司：
重庆天和建筑装饰有限公司
职位：
设计总监

项目：
pop美发沙龙
东方王榭

POP美发沙龙
POP Salon

A 项目定位 Design Proposition
这是一套300平方米的三楼商业户型，另有200平方米的户外露台空间。

B 环境风格 Creativity & Aesthetics
舒适、时尚的极简主义风格。

C 空间布局 Space Planning
打破传统卫浴方式。空间上极度简洁，用原木和玻璃建造了一个盒子形的独立体，用作贵宾室。大落地玻璃外的露台栏杆用绿色植被覆盖，搭配黑色户外沙发，让客人多了休闲空间。

D 设计选材 Materials & Cost Effectiveness
整个店内用了纯白和原木质感，店门用工业感的灰色铁质大滑拉门。不再使用传统墙纸，全部采用优质砖贴工艺。超大的独立式收银台用纯白石材打造，营造精致感。所有镜台朴素简单，恢复材质和空间本色，不做过多花样和装饰，适当的绿色植物点缀其间，让视觉干净，整洁。

E 使用效果 Fidelity to Client
精致、干净、整洁，受到客人喜欢。

Project Name_
POP Salon
Chief Designer_
Tang Nina
Location_
Jiangbei Chongqing
Project Area_
300sqm
Cost_
600,000RMB

项目名称_
POP美发沙龙
主案设计_
唐妮娜
项目地点_
重庆 江北区
项目面积_
300平方米
投资金额_
60万元

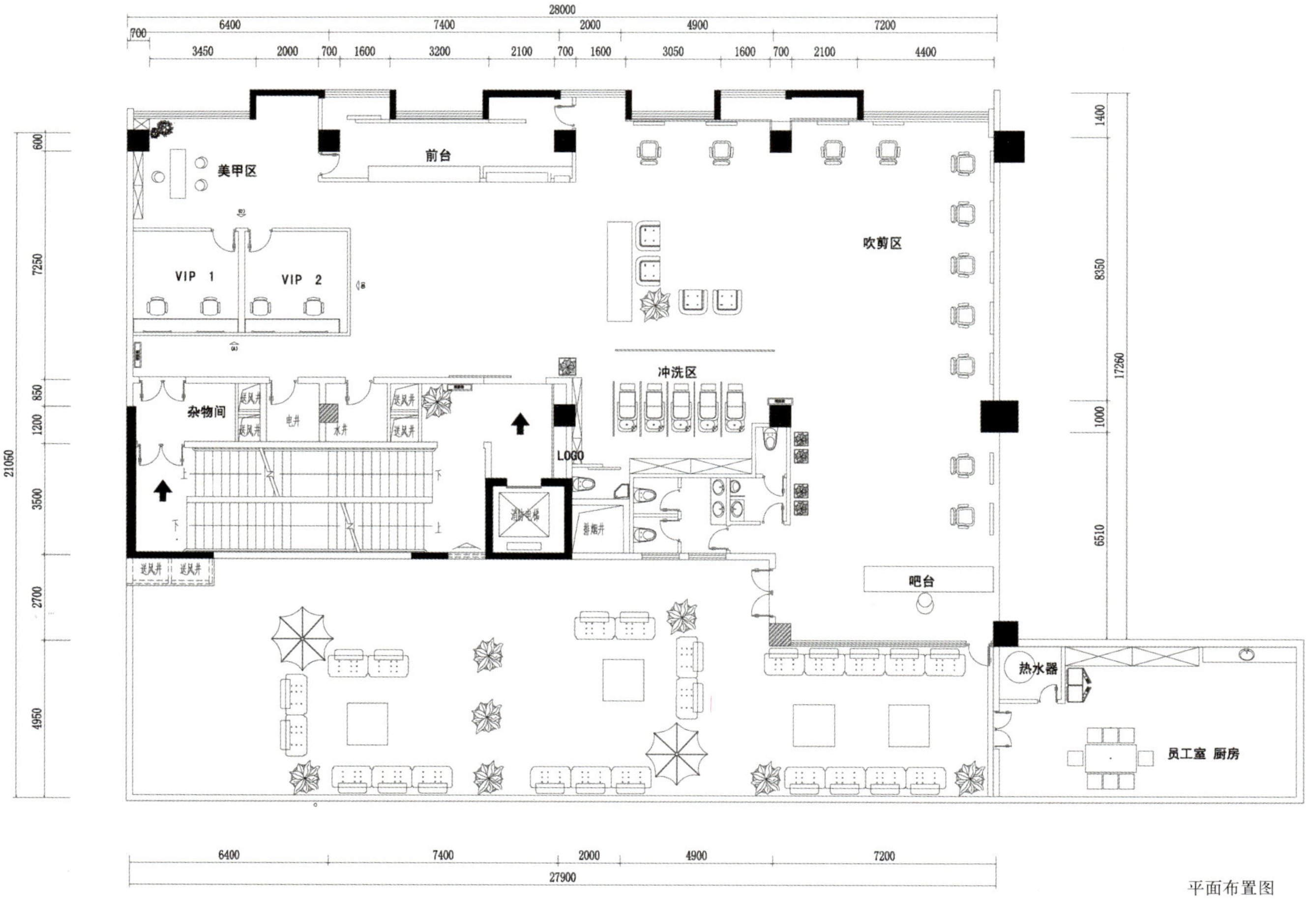

平面布置图

主案设计：
葛佳亮 Ge Jialiang
博客：
http:// 1015802.china-designer.com
公司：
温州葛佳亮设计工作室
职位：
设计总监

奖项：

2007 ICIAD温州精锐设计师评比大赛十大精锐设计师

2006-2007广州国际设计周“赢在设计”精英人物

2009 广州金羊奖优秀奖

2011 APDC亚太室内精英邀请赛商业类银奖、住宅类银奖

项目：

江滨路荷意概念餐厅

宝丽SPA会所

阿哆诺斯蛋糕店

中央公馆住宅

宝丽美容SPA

Beauty SPA

A 项目定位 Design Proposition

SPA会所设计应是将经典的SPA体验感受与当下的人们生活方式及审美需求相结合的一个综合体，针对高端消费。

B 环境风格 Creativity & Aesthetics

在整个空间设计中，以自然材质，光影的运用来打造SPA空间禅意之感，将东方意境以轻描淡写的手法融会其中，恰当地添加进一些新古典装饰元素，让人们放松身心享受SPA的同时，感受不同风格装饰元素，带来的视觉体验。

C 空间布局 Space Planning

在布局上以大厅为中轴，分男宾和女宾区，每个包厢都带有独立的卫生间。

D 设计选材 Materials & Cost Effectiveness

运用了白色沙幔，文化石，亚麻地毯，营造祥和宁静的氛围。

E 使用效果 Fidelity to Client

客人非常喜欢设计的整体风格和空间氛围，可以让人身心得以放松。

Project Name_
Beauty SPA
Chief Designer_
Ge Jialiang
Location_
Wenzhou Zhejiang
Project Area_
500sqm
Cost_
1,500,000RMB

项目名称_
宝丽美容SPA
主案设计_
葛佳亮
项目地点_
浙江 温州
项目面积_
500平方米
投资金额_
150万元

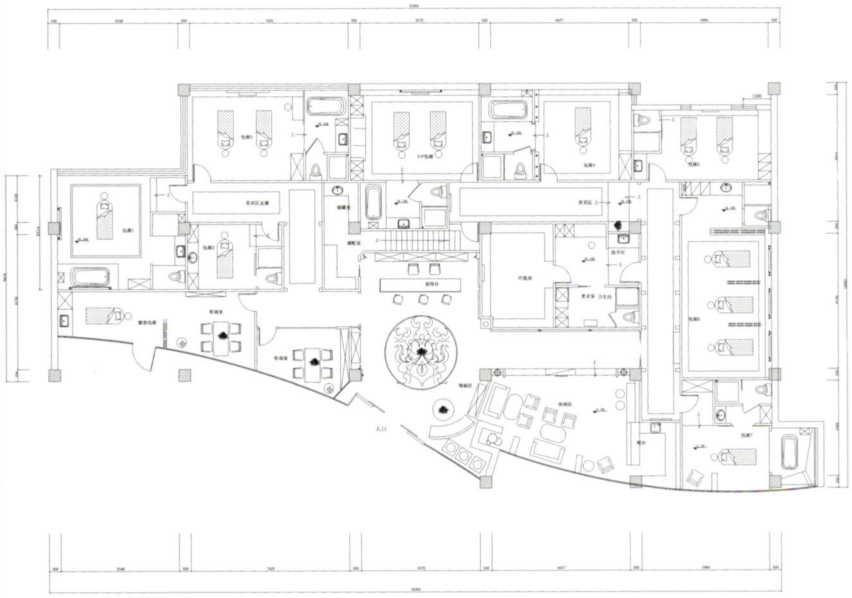

平面布置图

PAULY SPA

主案设计：
熊萨芒 Xiong Samang
博客：
http:// 1015831.china-designer.com
公司：
加拿大熊兄弟（BBD）设计有限公司
职位：
设计总监

奖项：
- 金羊奖2008广州设计周十佳展示空间
- 金羊奖2008年度成都十佳设计师
- 金羊奖2009广州设计周中国百杰设计师
- 金羊奖2009年度成都十佳设计师
- 筑巢奖2011中国国际空间环境艺术设计展示空间银奖

项目：
- 成都置信集团青年城体验馆
- 成都置信集团青年城样板间
- 成都青羊工业园观澜会所
- 成都华亨酒店
- 成都国色天乡乐园自营场馆
- 明珠家俱(集团)总部
- 成都君雁实业YOHO售楼部
- 成都君雁实业YOHO样板间
- 成都蜀馔茶楼
- 成都非遗公园招商中心及办公楼
- 四川水电大厦会议中心及会所
- 置信集团总部大楼
- 台玻集团成都展示中心及办公楼
- 三岔湖招商中心

《AXD空间艺术》设计师俱乐部

AXD CLUB

A 项目定位 Design Proposition

本案为成都地区乃至西部地区第一个正式设计行业俱乐部，旨在为行业相关人群提供一个学术交流、行业互动的休闲场所。

B 环境风格 Creativity & Aesthetics

采用白和灰的单纯色彩关系寻求视觉的统一性，“少即是多”的现代空间设计理念恰好验证了“无极生万象”的东方哲学思维。

C 空间布局 Space Planning

设计中为满足不同功能的需求及解决空间面积的不足，利用墙体的错落穿插形成空间的体块关系和清晰的交通动线，同时也界定了吧台、会客、会议及工作等不同的功能区域。

D 设计选材 Materials & Cost Effectiveness

白色乳胶漆和灰色地坪漆及素色地毯的主材搭配，不但有效控制了项目成本和施工周期，更在柔和的灯光配合下构筑了温暖的的空间基调。

E 使用效果 Fidelity to Client

整体设计通过单纯的色彩和材质搭配，合理的空间布局和灯光配置，以期为设计师这个特殊的群体创造一种轻松愉悦的空间体验。 空间的形态，往往依据功能的界定，空间的气质，常常取决于使用者的态度。

Project Name_
AXD CLUB
Chief Designer_
Xiong Samang
Location_
Chengdu Sichuan
Project Area_
160sqm
Cost_
400,000RMB

项目名称_
《AXD空间艺术》设计师俱乐部
主案设计_
熊萨芒
项目地点_
四川 成都
项目面积_
160平方米
投资金额_
40万元

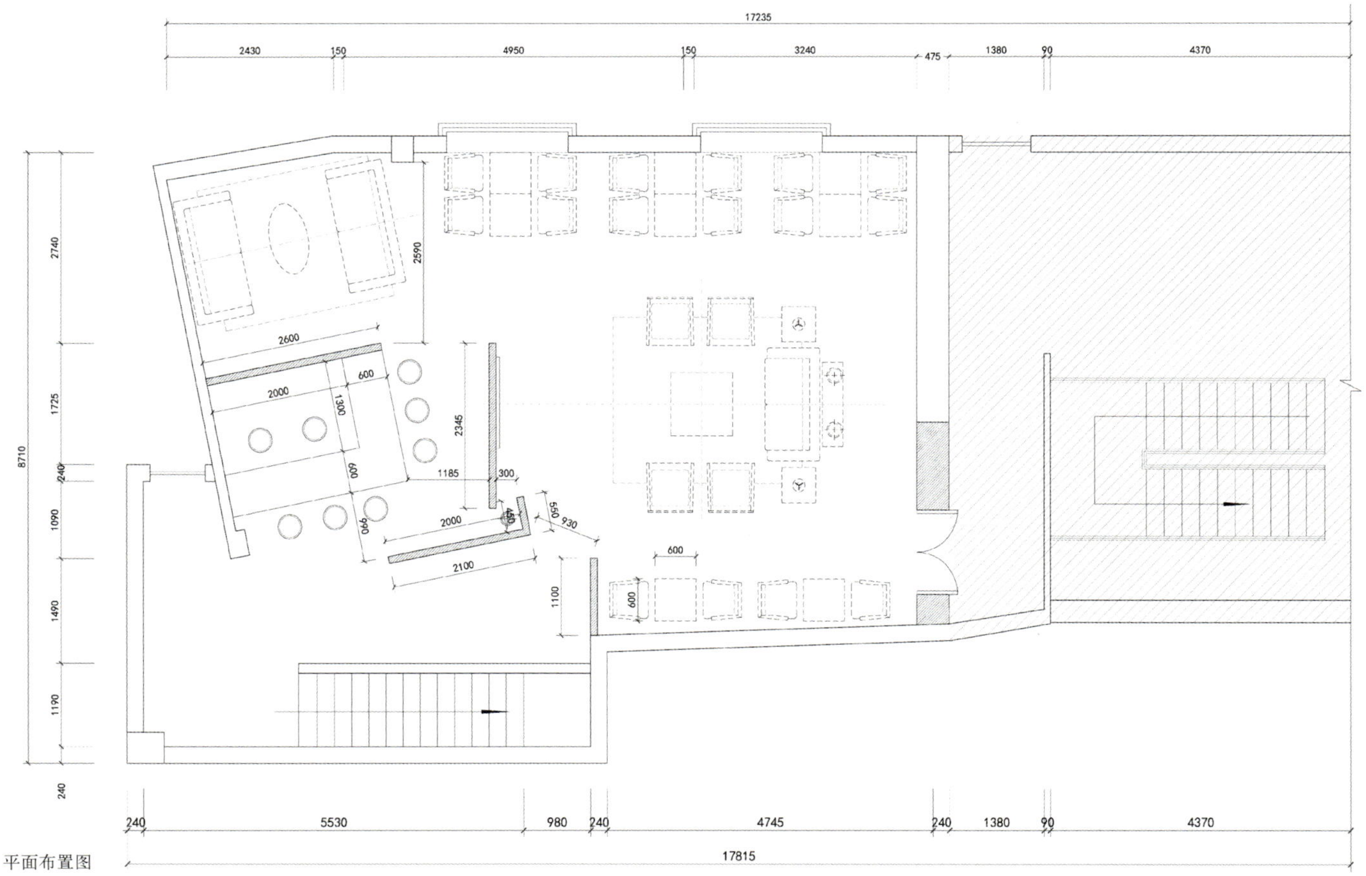

平面布置图

主案设计：

福田裕理 Fukuda Yuri

博客：

http:// 729728.china-designer.com

公司：

上海可续建筑咨询有限公司

职位：

设计总监

奖项：

2012照明周刊杯设计大赛三等奖

2011年上海装饰协会十大青年设计师

2011年金堂奖十大优秀作品

上海世博会B4区设计竞赛一等奖

苏州X2创意空间竞赛一等奖

上海宝山节能推广中心设计一等奖

上海斜土数娱国际室内设计传媒奖等

项目：

上海世博会城市最佳实践区台北及大阪等案例馆建筑设计

上海远雄徐汇园会所室内设计

上海远雄徐汇园售楼中心室内设计

上海远雄静安风华园售楼中心室内设计

青岛远雄国际广场会所等

青岛远雄国际广场会所

Club House of Qingdao Farglory international plaza

A 项目定位 Design Proposition

本会所位处青岛繁华的半岛CBD内超高层商业大楼里的24层，专供大楼里的酒店住户健身及用餐使用。

B 环境风格 Creativity & Aesthetics

整体设计围绕着两个主轴：刚柔并济与云顶绝境。大尺度的直线条赞咏空间的大气，灯光、色彩、材质和细部曲线展现柔美细致；而位处高楼的眺望视野和自然光影更是一般封闭的会所少有的空间体验。

C 空间布局 Space Planning

建筑整体的平面配置是会所区包覆着中央核心筒，会所的西面则作为酒店的餐厅。为了有别于健身区域，这里设置了独立玄关。入口处的垂直百叶可以隐约看见里侧的吧台，借由光线引导客人进入餐厅。穿过玄关后有一条长近6米的吧台，吧台用透光云石台面、本色镜面不锈钢桌框和吊杯架、深咖啡色皮质高脚椅。

D 设计选材 Materials & Cost Effectiveness

游泳池池底为大图案的红花绿叶马赛克拼贴，池边则是米灰色系硬直条纹的石材地铺，天花铝板为外上内收的单向泄水。大厅地面是水纹咖啡和意大利灰两种石材。接待台背景墙是一幅贝壳马赛克的拼贴，打上灯光后显得波光粼粼，其间还点缀了绿色系马赛克，在整体刚强大气的空间感中增添纤细柔美。进入健身区后，跑步机正对大开窗面一字排开视野绝佳，背墙面以不规则灰、绿色块并搭配灯光。用餐区180度的大面积开窗则有别于夜晚的表情，面西的用餐区里午后的夕阳斜映，条纹地毯染上家具倒影，皮质座椅和黑檀木纹桌面，备餐台是黑钛不锈钢和花岗岩的组合，墙面则是铝格栅搭配竖向亚克力LED光源！

E 使用效果 Fidelity to Client

业主十分满意。

Project Name_

Club House of Qingdao Farglory international plaza

Chief Designer_

Fukuda Yuri

Participate Designer_

Mai Xiaofan

Location_

Qingdao Shandong

Project Area_

1,500sqm

Cost_

7,500,000RMB

项目名称_

青岛远雄国际广场会所

主案设计_

福田裕理

参与设计师_

麦筱凡

项目地点_

山东 青岛

项目面积_

1500平方米

投资金额_

750万元

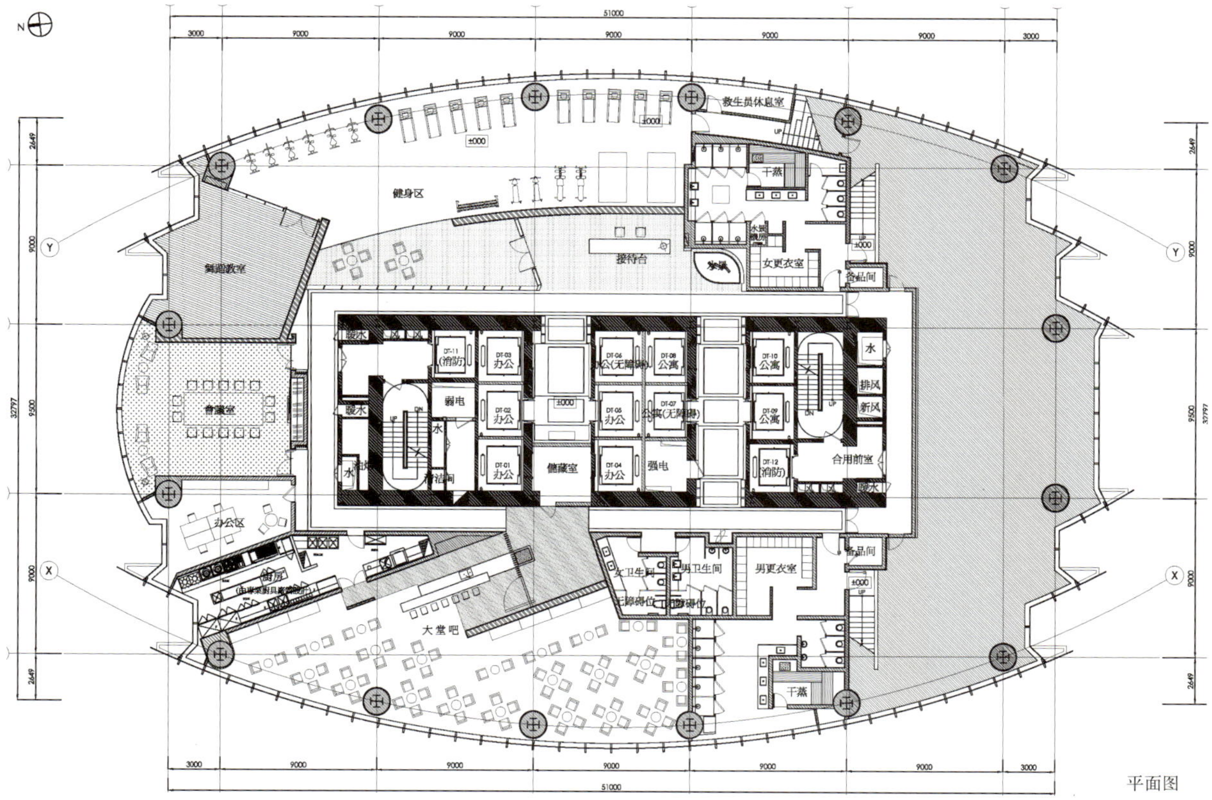

平面图

名家设计案例精选

《购物空间》
ISBN 978-7-5038-8710-9
定价：200.00 元

《酒店空间》
ISBN 978-7-5038-8709-3
定价：200.00 元

《办公空间》
ISBN 978-7-5038-8711-6
定价：200.00 元

《住宅空间》
ISBN 978-7-5038-8712-3
定价：200.00 元

《休闲空间》
ISBN 978-7-5038-8706-2
定价：200.00 元

《餐厅空间》
ISBN 978-7-5038-8713-0
定价：200.00 元

《别墅空间》
ISBN 978-7-5038-8707-9
定价：200.00 元

《娱乐空间》
ISBN 978-7-5038-8704-8
定价：200.00 元

《公共空间》
ISBN 978-7-5038-8708-6
定价：200.00 元

《样板间·售楼处空间》
ISBN 978-7-5038-8705-5
定价：200.00 元

图书在版编目（C I P）数据

休闲空间 / 《名家设计系列》编委会编 . -- 北京 : 中国林业出版社 , 2016.9
（名家设计系列）
ISBN 978-7-5038-8706-2

Ⅰ . ①休… Ⅱ . ①名… Ⅲ . ①室内装饰设计－图集
Ⅳ . ① TU238.2-64

中国版本图书馆 CIP 数据核字 (2016) 第 220005 号

《名家设计系列》编委会

主编：谢海涛
策划：纪　亮
编委：李有为　殷玉梅

中国林业出版社 · 建筑与家居出版分社

责任编辑：纪　亮　王思源
封面设计：吴　璠

出版：中国林业出版社（100009 北京西城区德内大街刘海胡同 7 号）
网站：http://lycb.forestry.gov.cn/
电话：（010）8314 3518
发行：中国林业出版社
印刷：北京利丰雅高长城印刷有限公司
版次：2016 年 10 月第 1 版
印次：2016 年 10 月第 1 次
开本：230 mm×287 mm，1/16
印张：11
字数：200 千字
定价：200.00 元